普通高等教育“十四五”规划教材

风险理论与实践

主　编　张英华　赵焕娟
副主编　黄志安　高玉坤　周正青
　　　　周宣赤　刘　佳

北　京
冶 金 工 业 出 版 社
2023

内 容 提 要

本书针对公共安全、工业安全、城市安全、事故灾害等方面，通过典型事故案例、运用风险理论介绍如何辨识、分析、评价、预警、预控风险。具体内容分为6个部分，分别为风险理论基础、风险的识别与分析、风险评估技术、风险管理标准体系、风险管理策略和方案和典型风险管理项目实践，并设置有5个专题研讨内容。

本书可作为高等院校安全工程专业师生的教材，也可供风险理论与实践领域的工程技术人员参考使用。

图书在版编目(CIP)数据

风险理论与实践/张英华，赵焕娟主编. —北京：冶金工业出版社，2023.8

普通高等教育“十四五”规划教材

ISBN 978-7-5024-9557-2

Ⅰ.①风… Ⅱ.①张… ②赵… Ⅲ.①安全工程—风险管理—高等学校—教材 Ⅳ.①X93

中国国家版本馆CIP数据核字（2023）第121759号

风险理论与实践

出版发行 冶金工业出版社 **电　话** (010)64027926

地　址 北京市东城区嵩祝院北巷39号 **邮　编** 100009

网　址 www.mip1953.com **电子信箱** service@mip1953.com

责任编辑 张佳丽 美术编辑 吕欣童 版式设计 郑小利

责任校对 李欣雨 责任印制 禹 蕊

北京建宏印刷有限公司印刷

2023年8月第1版，2023年8月第1次印刷

787mm×1092mm 1/16；8.75印张；210千字；131页

定价 46.80元

投稿电话 (010)64027932 投稿信箱 tougao@cnmip.com.cn

营销中心电话 (010)64044283

冶金工业出版社天猫旗舰店 yjgycbs.tmall.com

(本书如有印装质量问题，本社营销中心负责退换)

前　言

党的二十大报告提出“推进国家安全体系和能力现代化，坚决维护国家安全和社会稳定”，号召全党“主动识变应变求变，主动防范化解风险”，要求“坚持科学决策、民主决策、依法决策，全面落实重大决策程序制度”，为重大决策社会稳定风险评估机制注入新理念，也为新时代重大决策社会稳定风险评估与应对指明了路径。为了顺应这一发展形势，各高校安全工程专业更加重视风险理论与实践课程的设置。本书根据《北京科技大学关于进一步加强本科人才培养工作的意见》中的课程教学大纲编制而成。

风险理论是安全工程专业学生必须掌握的重要内容之一，因此，本书内容旨在通过风险的基本概念与基本理论、危险源的分类与辨识技术和马尔科夫分析法相关理论的学习，培养学生对危险源辨识与风险分析的思维能力，并在教学过程中通过实践与研讨培养学生灵活运用所学知识独立解决现实问题的能力。

本书内容分为6章，第1章介绍风险的相关理论；第2章和第3章为风险识别与评估，主要讲述风险识别与分析和几种常用的风险评估技术；第4章和第5章为风险管理标准体系及风险管理策略和方案；第6章为典型风险管理项目实践。

感谢参与本书编写的所有老师和学生，感谢对本书进行审核的老师们。期望本书能为对风险分析有兴趣的读者提供帮助。

本书在编写过程中得到了北京科技大学教材建设经费的资助，得到了北京科技大学教务处的全程支持。在此，编者向相关机构人员表示衷心的感谢！

由于编者水平有限，书中不妥之处，敬请广大读者批评指正！

作　者

2022年12月

目　　录

1 风险理论基础

1.1 风险的概念

1.1.1 风险的由来与定义

对于“风险”一词的由来最为普遍的一种说法是，在远古时期，以打鱼捕捞为生的渔民们，每次出海前都要祈祷，祈求神灵保佑自己能够平安归来，其中主要的祈祷内容就是让神灵保佑自己在出海时能够风平浪静、满载而归。他们在长期的捕捞实践中，深深地体会到“风”给他们带来的无法预测、无法确定的危险，他们认识到，在出海捕捞打鱼的生活中，“风”即意味着“险”，因此就有了“风险”一词的由来。

而另一种据说经过多位学者论证的“风险”一词的“源出说”称，风险（RISK）一词是舶来品，有人认为来源于阿拉伯语，也有人认为来源于西班牙语或拉丁语，但比较权威的说法是来源于意大利语的“RISQUE”一词。其在早期的运用中，也被理解为客观的危险，体现为自然现象或者航海遇到礁石、风暴等事件。大约到了19世纪，在英文的使用中，“风险”一词常常用法文拼写，主要是用于与保险有关的事情上。

现代意义上的“风险”一词，已经大大超越了“遇到危险”的狭义含义，而是“遇到破坏或损失的机会或危险”，可以说，经过两百多年的演义，“风险”一词越来越被概念化，并随着人类活动的复杂性和深刻性而逐步深化，并被赋予了从哲学、经济学、社会学、统计学甚至到文化艺术领域的更广泛更深层次的含义，且与人类决策和行为后果的联系越来越紧密，“风险”一词也成为人们生活中出现频率很高的词汇之一。无论如何定义“风险”一词的由来，其基本的核心含义始终是“未来结果的不确定性或损失”。

关于风险的定义有许多，各不相同。对风险的定义不同主要是基于对风险的认识和理解不同，如中国《现代汉语词典》关于风险的定义是：可能发生的危险。亚洲风险与危机管理协会对风险的定义是：在特定条件下，给定期间内可能发生结果与期望结果之间的负差异。美国学者海恩斯所著的《经济中的风险》将风险定义为：损害或损失发生的可能性。而我国国家标准《机械电气安全　机械电气设备　第1部分：通用技术条件》GB/T 5226.1—2019中将风险定义为：在危险状态下，可能损伤或危害健康的概率和程度的综合。

1.1.2 风险的基本特征

风险具有以下5个主要特征。

1.1.2.1 风险的不确定性

首先风险是否发生具有不确定性，同时风险发生的时间具有不确定性，最后风险产生的结果也具有不确定性，即损失程度的不确定性。

1.1.2.2 风险的客观性

风险是一种不以人的意志为转移，独立于人的意识之外的客观存在。因为无论是自然界的物质运动，还是社会发展的规律都是由事物的内部因素所决定，由超过人们主观意识所存在的客观规律所决定。人们只能在一定的时间和空间内改变风险存在和发生的条件，降低风险发生的频率和损失程度，但是，从总体上说，风险是不可能彻底消除的。正是由于风险的客观存在，决定了保险活动或保险制度存在的必要条件。

1.1.2.3 风险的普遍性

人类历史就是与各种风险相伴的历史。自从人类出现后，就面临着各种各样的风险，如自然灾害、疾病、伤残、死亡、战争等。随着科学技术的发展、生产力的提高、社会的进步、人类的进化，又产生了新的风险，且风险事故造成的损失也越来越大。在当今社会，个人面临着生、老、病、残、死、意外伤害等风险；企业面临着自然风险、市场风险、技术风险、政治风险等；甚至国家和政府机关也面临着各种风险。风险无处不在，无时不有。正是由于这些普遍存在的对人类社会生产和人们的生活构成威胁的风险，才有了保险存在的必要和发展可能。

1.1.2.4 风险的可测定性

个别风险的发生是偶然的，不可预知的，但通过对大量风险的细心观察，会发现风险往往呈现出明显的规律性。根据以往大量资料，利用概率论和数理统计的方法可测算风险事故发生的概率及其损失程度，并且可构造出损失分布的模型，成为风险估测的基础。例如，在人寿保险中，根据精算原理，利用对各年龄段人群的长期观察得到的大量死亡记录，就可以测算各个年龄段的人的死亡率，进而由死亡率计算人寿保险的保险费率。

1.1.2.5 风险的发展性

人类社会自身进步和发展的同时，也创造和发展了风险。尤其是当代高新科学技术的发展和应用，使风险的发展性更为突出。风险会因时间、空间因素的变化而不断发展变化。

1.1.3 风险的等级

不同行业的风险分级方法各有不同，本节以工贸企业安全风险为例展示其等级划分。

工贸企业在进行安全风险评估时，应结合企业可接受的安全风险实际，基于事故（事件）发生的可能性、严重性、频次的取值标准和各级安全风险的取值范围进行安全风险评估，确定每一项危险有害因素相对应的安全风险等级。

安全风险等级从高到低划分为四级：

（1）A 级安全风险又称重大风险或者红色风险，应评估为不可接受的安全风险；

（2）B 级安全风险又称较大风险或者橙色风险，应评估为高度危险的安全风险；

（3）C 级安全风险又称一般风险或者黄色风险，应评估为中度危险的安全风险；

（4）D 级安全风险又称低风险或者蓝色风险，应评估为轻度危险和可接受的安全风险。

工贸企业应首先在不考虑已采取的控制措施的前提下，确定固有风险的大小和等级。

工贸企业涉及下列情形之一的，相关固有风险应升级为 A 级安全风险：

（1）构成危险化学品一级、二级重大危险源的场所和设施；

（2）涉及爆炸品及具有爆炸性的化学品的场所和设施；

（3）存在快速冻结装置的涉氨制冷场所；

（4）涉粉人数 30 人（含）以上的粉尘涉爆场所；

（5）作业人数 10 人（含）以上的可能发生群死群伤事故的其他情形。

工贸企业涉及下列情形之一的，相关固有风险应升级为 B 级安全风险：

（1）构成危险化学品三级、四级重大危险源的场所和设施；

（2）涉及剧毒化学品、甲类自燃化学品的场所和设施；

（3）涉及易燃易爆和中毒窒息的有限空间作业；

（4）涉粉人数 15 人（含）以上、30 人以下的粉尘涉爆场所；

（5）作业人数 3 人（含）以上、10 人以下的可能发生群死群伤事故的其他情形。

工贸企业应对辨识出的危险有害因素，从工程控制措施、安全管理措施、个体防护措施、应急处置措施 4 个方面排查现有安全风险控制措施，通过完善和落实各项安全风险管控措施，实现持续降低控制风险等级。工贸企业应在采取控制措施的前提下，根据危险有害因素可能导致事故的可能性和后果严重程度，评估控制风险的大小和等级。

控制风险评估结果仍为 A 级的，应立即暂停作业，明确不可接受安全风险的内容及可能触发事故的危险有害因素，采取有针对性的安全风险控制措施，并制定应急处置措施。

控制风险评估结果为 B 级的，应明确高度危险的安全风险的内容及可能触发事故的危险有害因素，采取有针对性的安全风险控制措施，并制定应急处置措施。

控制风险评估结果为 C 级的，应对现有控制措施的充分性进行评估，检查并确认控制程序和措施是否已经落实，需要时可增加控制措施。

控制风险评估结果为 D 级的，可维持现有安全风险管控措施，但须对执行情况进行审核。

1.1.4 风险的分类

1.1.4.1 按风险损害的对象分类

财产风险：导致财产发生毁损、灭失和贬值的风险。例如房屋有遭受火灾、地震的风险；机动车有发生车祸的风险；财产价值因经济因素有贬值的风险。

人身风险：因生、老、病、死、残等原因而导致经济损失的风险。例如因为年老而丧失劳动能力或由于疾病、伤残、死亡、失业等导致个人、家庭经济收入减少，造成经济困难。生、老、病、死虽然是人生的必然现象，但在何时发生并不确定，一旦发生，将给其本人或家属在精神和经济生活上造成困难。

责任风险：因侵权或违约，依法对他人遭受的人身伤亡或财产损失应负的赔偿责任的风险。例如，汽车撞伤了行人，如果属于驾驶员的过失，那么按照法律责任规定，就须对受害人或家属给付赔偿金。又如，根据合同、法律规定，雇主对其雇员在从事工作范围内的活动中，造成身体伤害所承担的经济给付责任。

信用风险：在经济交往中，权利人与义务人之间，由于一方违约或犯罪而造成对方经济损失的风险。

1.1.4.2 按风险的性质分类

纯粹风险：只有损失可能而无获利机会的风险，即造成损害可能性的风险。其所致结果有两种，即损失和无损失。例如交通事故只有可能给人民的生命财产带来危害，而决不会有利益可得。在现实生活中，纯粹风险是普遍存在的，如水灾、火灾、疾病、意外事故等都可能导致巨大损害。但是，这种灾害事故何时发生，损害后果多大，往往无法事先确定，于是，它就成为保险的主要对象。人们通常所称的“危险”，也就是指这种纯粹风险。

投机风险：既可能造成损害，也可能产生收益的风险，其所致结果有3种：损失、无损失和盈利。例如有价证券，证券价格的下跌可使投资者蒙受损失，证券价格不变无损失，但是证券价格的上涨却可使投资者获得利益。还如赌博、市场风险等，这种风险都带有一定的诱惑性，可以促使某些人为了获利而甘冒这种损失的风险。在保险业务中，投机风险一般是不能列入可保风险之列的。

收益风险：只会产生收益而不会导致损失的风险，例如接受教育可使人终身受益，但教育对受教育的得益程度是无法进行精确计算的，而且，这也与不同的个人因素、客观条件和机遇有密切关系。对不同的个人来说，虽然付出的代价是相同的，但其收益可能是大相径庭的，这也可以说是一种风险，有人称之为收益风险，这种风险当然也不能成为保险的对象。

1.1.4.3 按损失的原因分类

自然风险：由于自然现象或物理现象所导致的风险。如洪水、地震、风暴、火灾、泥石流等所致的人身伤亡或财产损失的风险。

社会风险：由于个人行为反常或不可预测的团体的过失、疏忽、侥幸、恶意等不当行为所致的损害风险。如盗窃、抢劫、罢工、暴动等。

经济风险：在产销过程中，由于有关因素变动或估计错误而导致的产量减少或价格涨跌等的风险。如市场预期失误、经营管理不善、消费需求变化、通货膨胀、汇率变动等所致经济损失的风险等。

技术风险：伴随着科学技术的发展、生产方式的改变而发生的风险。如核辐射、空气污染、噪声等风险。

政治风险：由于政治原因，如政局的变化、政权的更替、政府法令和决定的颁布实施，以及种族和宗教冲突、叛乱、战争等引起社会动荡而造成损害的风险。

法律风险：由于颁布新的法律和对原有法律进行修改等原因而导致经济损失的风险。

1.1.4.4　按风险涉及的范围分类

特定风险：与特定的人有因果关系的风险。即由特定的人所引起，而且损失仅涉及个人的风险。例如，盗窃、火灾等都属于特定风险。

基本风险：其损害波及社会的风险。基本风险的起因及影响都不与特定的人有关，至少是个人所不能阻止的风险。例如，与社会或政治有关的风险，与自然灾害有关的风险，都属于基本风险。

特定风险和基本风险的界限，对某些风险来说，会因时代背景和人们观念的改变而有所不同。如失业，过去被认为是特定风险，而现在被认为是基本风险。

1.2　风险管理理论的产生和发展

1.2.1　传统风险管理阶段

1.2.1.1　传统风险理论的风险观

（1）风险的损失观。传统风险管理中风险更多的是强调一种损失的结果或者不确定性。而在传统风险的一些数理定义中，比如说风险是实际结果与预期结果的一种偏差。用这种风险定义在度量或评估风险时，依然还主要是对损失风险的度量与评估。大多相关专业教材分析所提及的风险因素、风险事故与损失的风险要素三分法就是风险损失观的重要体现。

（2）纯粹风险与静态风险观。由于传统风险主要是指那些带来损失的风险，因此传统风险在实质上属于纯粹风险。这种纯粹风险主要是工程风险、灾难风险、财务风险等，这些纯粹风险主要是静态风险。

（3）强调风险成本而不强调风险收益。由于风险是损失或者不利事件的不确定性，因此风险本身给人们的社会经济生活带来的是成本，人们不能从风险事件中获取收益，风险带来的结果是消极的。在面对风险时，只能是降低或转移风险，而不能利用风险获取风险溢价报酬，传统风险视角忽视风险本身可能所具有的潜在收益。

（4）传统风险观存在的主客观逻辑悖论。按照学术界通行的解释，风险的客观性是指风险是不依赖于人的主观意识的一种客观存在，但风险的认知、风险的度量又需要借助于人们的主观意识，而且离不开人们的价值取向，风险的结果本身又是主观评价的产物。于是，风险又具有主观性。因此，在风险的属性中，风险既是主观的，又是客观的，风险属性陷入风险主客观的逻辑悖论之中。

（5）风险思维：客观实体派。传统风险思维观是典型的经济理性人假设，把风险看成是一种物质属性，强调了风险的可计算性和可补偿性，并赋予明显的“经济主人”色彩和“理性至上论”在分析工具上强调工程理性与工具理性。没有考虑个人行为、个人偏好、价值观、环境、制度、文化背景对风险认知与风险管理的内在影响。随着社会发展的日前复杂化，它无法给人们认识风险提供一个更宏观和更综合的框架。

1.2.1.2 传统风险管理理论：基本特征及其评价

(1) 传统风险管理具有一定程度的被动性。传统的风险管理往往是对部分纯粹风险的管理，对纯粹风险的分布状况要求较高，因而风险管理对象的选择性较强，传统风险管理还未能延及社会风险管理领域。在经济主体的风险管理中，风险管理与企业资本结构、企业价值创造还没有实现有效的结合，企业风险管理更多的是被动的应对型损失控制或损失融资型管理方式。

(2) 传统风险管理技术与风险管理方法相对单一。由于传统风险管理的目标主要是对客观危害型风险的控制与管理，因此其风险管理技术与方法主要侧重于损失控制与损失融资技术，在风险分析方法上着重采用成本效益分析、效用分析、决策分析、工程技术、线性规划法等。风险管理主要是通过保险和自我保险这两种方式，再保险对风险的分散能力相对有限。

(3) 传统风险管理的协同效应和管理效率相对较低。传统风险管理着重于单个损失或损害风险的分离管理，缺乏对关联风险、背景风险甚至集合风险的整体化管理的策略和技术。由于受金融市场发展程度的制约，还不能将实质风险通过金融市场特别是资本市场进行转移，还不能通过金融工具进行有效的套期保值。保险市场与资本市场未能实现有效融合。

(4) 传统风险管理的实质理论——阶段论。传统风险管理强调风险管理从风险识别、风险分析、选择风险管理工具和绩效评估的流程式管理，风险管理过程的风险沟通和风险反馈十分有限，风险管理的互动性与灵活性相对较差。正因如此，部分学者将传统风险管理的实质理论称为阶段论。

(5) 风险管理哲学：实证论。实证论是相对于形而上学建立，以能否用分析或实证方法作为认识事物本来面目的渠道，以感知作为测试真伪的方法。实证论的哲学思维决定了传统风险管理只能对物质风险、工程风险、财务风险等有形风险的管理，而把行为风险、心理风险、制度风险和文化风险这些无形风险拒之于研究与管理范围之外，这种哲学思维本身决定了传统风险管理的实质理论、管理对象与管理方法，也决定了传统风险管理在新的经济社会文化条件下所具有的内在缺陷。

1.2.2 现代风险管理阶段

现代风险管理理论主要体现在总体风险管理理论、整合风险管理、全面风险管理理论等理论中。全方位的整合性风险管理是现代风险管理的基本理论特征。目前全面风险管理或整合风险管理在企业风险管理理论与实践中有较长足的发展，社会风险管理也在引入全面整合的现代风险管理观。

1.2.2.1 现代风险管理的界定

Kent D. Miller (1992) 早在 1992 年就对公司的国际业务领域提出了整合风险管理的思想，对企业国际化经营中的各种不确定性做了归类分析。Yacov Y. Hajmes (1992) 提出了总体风险管理，认为总体风险管理是一个基于正式风险评价与管理的、系统的、以统计为基础的、全盘的过程，并处理一个层次化的、多目标的4个系统失误（硬件失误、软件失误、组织性失误和人的失误）的根源的动态全面管理。

Lisa Meulbroek（2002）指出，所谓公司整合性风险管理，就是对影响公司价值的众多因素进行辨别和评估，并在全公司范围内实行相应战略以管理和控制这些风险。整合性风险管理的目的就是将企业的各项风险管理活动纳入统一的系统，实现系统的整体优化，创造整体的管理效益，提升或创造企业更大的价值。他同时强调，整合风险管理在本质上是战略的，而不是战术的。战术性的风险管理，其视角窄小有限。William H Panning（2003）指出，全面风险管理（ERM，Enterprise Risk Management）是新的思维方式、测度方式和管理方式的三维统一体，从测度方式上看，它具有一定的技术管理性；从管理方式上看，它是一种行为；从思维方式上看，全面风险管理是一种理念和文化。

1.2.2.2 现代风险管理的基本理论特征

A 全新思维的风险管理

整合性风险管理是组织的一种行为方式或管理方式，该方式影响组织的决策，最终成为组织文化的内在组成部分，因此，整合性风险管理是一种全新的管理方式、思维方式、文化方式和哲学理念。整合性风险管理以管理方式为平台，以新的思维方式和文化方式为内核，将整合性风险管理上升到文化理论和哲学理念的高度，使整合性风险管理形成系统的管理方法和思想基础。公司整合性风险管理以风险、价值与资本的内在平衡为价值创造导向，以概率、价格和偏好为内在的风险决策基础，注重战略管理、风险管理与经营管理的内在协调与有机整合，强调整合性风险管理的战略性本质，把提升或创造企业更大的价值作为整合性风险管理的根本目标。

B 全方位的风险管理

全面风险的管理，即动态联盟全面风险管理的对象——风险的含义是全面的，不仅仅对传统风险管理理论范畴内的狭义风险进行管理，还需对现代风险管理理论范畴内的广义风险进行管理。狭义风险局限于纯粹风险造成直接损失的风险，而广义风险涉及的范围相对要宽广得多。例如金融风险、政治风险、社会文化风险等也需加以考虑。

C 全过程的风险管理

以企业整合风险管理为例，企业经营的各个环节均存在着不同的风险，而且风险和过程密不可分，风险因素和风险状态均随过程的变化而动态变化，因而需要进行风险动态实时监控和过程风险管理。整合性风险管理既强调优化高效的流程管理，同时更注重及时的风险反馈与顺畅的风险沟通，因而具有反阶段的动态特征。整合性风险管理注重企业短期发展与中长期发展的内在统一，更为关注从一个较长时期内建立企业的风险管理体系。整合性风险管理高度关注风险认知和风险行为等人的因素，强调风险管理活动既是一个工作工程，也是一个风险教育过程。

D 全员性的风险管理

全员性的风险管理，要求参加组织中参加风险管理的人员是全面的。立足于企业风险管理视角，全员性的企业风险管理必须依靠董事会、管理层、企业员工的全员参与，每个员工都需要对风险管理政策、风险管理体系、风险管理方法有一致、统一的理解和认识，并在实践中予以高度重视。整合风险管理的出发点，是将公司各个部门经理、资本运作经理、风险经营等多人从事的纷繁的活动协调起来，通过其合作最大限度地降低风险管理的成本。

E 综合性的风险管理

首先，综合性的风险管理体现在风险管理中风险度量、风险管理的方法的综合性，它是由多种管理技术与科学方法组成的综合性的方法体系。其次，综合性的风险管理注重定性管理与定量管理的内在统一，传统风险管理更多关注风险的定量分析，而整合性风险管理同时强调定性分析在风险管理中的重要地位，强调数量分析必须与管理经验、主观判断相互补充，根据具体情况灵活运用。最后，整合性风险管理价值定位的综合性，在企业风险管理中应该考虑所有利益相关者包括股东、债权人、管理层、雇员、顾客，甚至企业所在的社区的利益。

1.2.3 全面风险管理阶段

20 世纪 80 年代末、90 年代初，随着国际金融和工商业的不断发展，迅速发展的新经济使企业面对的社会大环境发生了很大的变化。企业面临的风险更加多样化和复杂化，从墨西哥金融危机、亚洲金融危机、拉美部分国家出现的金融动荡等系统性事件，到后来的巴林银行、爱尔兰联合银行、长期资本基金倒闭等个体事件，都昭示着损失不再是由单一风险造成，而是由信用风险、市场风险和操作风险等多种风险因素交织作用而造成的。人们意识到以零散的方式管理公司所面临的各类风险已经不能满足需要。在一个企业内部不同部门或者不同业务的风险，有些相互叠加，有些相互抵消减少。因此，企业不能仅仅从某项业务、某个部门的角度考虑风险，必须根据风险组合的观点，从贯穿整个企业的角度看待风险，于是便产生了全面风险管理的萌芽和发展。

所谓全面风险管理，是指围绕总体经营目标，通过管理的各个环节和经营过程中执行风险管理的基本流程，培育良好的风险管理文化，建立健全的全面风险管理体系，包括风险管理策略、风险理财措施、风险管理的组织职能体系、风险管理信息系统和内部控制系统，从而为实现风险管理的总体目标提供合理保证的过程和方法。

全面风险管理包括下述 8 个相互关联的构成要素，他们源自管理者的经营方式，并与管理过程整合在一起。

（1）内部环境：管理当局确立关于风险的理念，并确定风险容量。所有企业的核心都是人（他们的个人品性，包括诚信、道德价值观和胜任能力）以及经营所处的环境，内部环境为主体中的人们如何看待风险和着手控制风险确立了基础。

（2）目标设定：必须先有目标，管理当局才能识别影响目标实现的潜在事项。企业风险管理确保管理当局采取恰当的程序去设定目标，并保证选定的目标支持主体的使命并与其相衔接，以及与它的风险容量相适应。

（3）事项识别：必须识别可能对主体产生影响的潜在事项，包括表示风险的事项和表示机会的事项，以及可能二者兼有的事项。机会被追溯到管理当局的战略或目标制定过程。

（4）风险评估：要对识别的风险进行分析，以便确定管理的依据。风险与可能被影响的目标相关联。既要对固有风险进行评估，也要对剩余风险进行评估，评估要考虑到风险的可能性和影响。

（5）风险应对：员工识别和评价可能的风险应对措施，包括回避、承担、降低和分担风险。管理当局选择一系列措施使风险与主体的风险容限和风险容量相适应。

（6）控制活动：制定和实施政策与程序以确保管理当局所选择的风险应对策略得以有效实施。

（7）信息与沟通：主体的各个层级都需要借助信息来识别、评估和应对风险。广泛意义的有效沟通包括信息在主体中向下、平行和向上流动。

（8）监控：整个企业风险管理处于监控之下，必要时还会进行修正。这种方式能够动态地反应风险管理状况，并使之根据条件的要求而变化。监控通过持续的管理活动、对企业风险管理的单独评价或者两者的结合来完成。

全面风险管理的最高目标就是对总体风险的全面整合管理，从这种意义上说，全面风险管理就是整合性风险管理。整合性风险管理的产生与发展，除了受客观经济社会条件的决定外，还得益于风险与风险管理理论的演变与发展的支持。从风险与风险管理发展的内部动因而言，整合性风险管理理论与方法在相当程度上是由全面风险基本理论所决定的。

全面风险管理把收益的不确定性纳入风险的范畴，进而使风险范围从以损失风险为主的纯粹风险扩大到投机风险，从静态风险扩大到动态风险，从传统风险的以实质风险为主的单元视角扩大到行为风险、心理风险、社会风险与文化风险的一个多元体系与多元视角。

风险体系的扩大，促使人们风险管理思维的创新、风险的关联分析、风险套期与风险组合等新的风险策略得到产生。风险范畴的扩大促使人们关注风险与环境、风险与人的心理及行为、风险与价值观、风险与社会、风险与文化的内在关联互动。对安全的需求促进人们从包括实质因素、行为因素、价值观因素、社会文化因素的框架中来建构不同层面的全面风险管理体系。

全面风险管理具有以下几个特征。

（1）全新思维的风险管理：全面风险管理是一种全新的管理方式、思维方式、文化方式和哲学理念，全面风险管理以管理方式为平台、以新的思维方式和文化方式为内核，将全面风险管理上升到文化理念和哲学理念的高度，使全面风险管理形成系统的管理方法和思想基础。

（2）全方位的风险管理：全方位风险的管理，即动态联盟全面风险管理的对象——风险的含义是全面的，不仅仅对传统风险管理理论范畴内的狭义风险进行管理，还需要对全面风险管理理论范畴内的广义风险进行管理。狭义的风险局限于纯粹风险造成直接损失的风险，而广义风险涉及的范围相对要宽广得多。

（3）全过程的风险管理：以企业全面风险管理为例，企业经营的各个环节均存在着不同的风险，而且风险和过程密不可分，风险因素和风险状态均随着过程的变化而动态变化，因而需要进行风险动态实时监控和过程风险管理。全面风险管理既强调优化高效的流程管理，同时也注重及时的风险反馈与顺畅的风险沟通，因而具有全阶段全过程的动态特征。

（4）全员性的风险管理：要求参加组织中风险管理的人员是全面的。立足于企业风险管理视角，全员性的风险管理必须依靠自上而下的全员参与，每个员工都需要对风险管理政策、风险管理体系、风险管理方法有一致、统一的理解和认识，并在实践中予以高度重视，通过合作最大限度地降低风险管理的成本。

（5）综合性的风险管理：即全面风险管理中风险度量、风险管理的方法具有综合性，它是由多种管理技术与科学方法组成的方法体系，同时全面风险管理注重定性管理与定量管理的内在统一，强调数量分析必须与管理经验、主观判断相互补充，根据具体情况灵活运用。

随着时代的发展，传统的风险管理理论逐步被全面风险管理理论所取代，正是全面风险管理的全方位创新思维考虑、全员参与、全过程的控制到最后的综合性风险管理，才使得我们对风险真正达到全方位、无死角的管理。

1.3 破冰之旅

研 讨

分组回答：

（1）风险的构成要素有哪些？

（2）风险的类型有哪些？

（3）风险的基本特征是什么？

（4）风险与危险的关系？

（5）风险的度量指标是什么？

每个小组讲述一个经历“风险”的小故事，从中说明了什么？

（1）讲述自己亲身经历的《历险记》故事。

（2）共同寻找避风无险的港湾。

（3）分析风险因素、过程、结果。

1.4 风险理论常用术语

1.4.1 风险

风险（risk）：事件发生的不确定性。

纯粹风险（pure risk）：只有损失机会没有获利可能的风险。

投机风险（speculative risk）：既有损失机会又有获利可能的风险。

财产风险（property risk）：因发生自然灾害、意外事故而使个人或单位占有、控制或照看的财产遭受损毁、灭失或贬值的风险。

责任风险（liability risk）：因个人或单位的行为造成他人的财产损失或人身伤害，依法律或合同应承担赔偿责任的风险。

人身风险（personal risk）：因事故发生造成人的死亡、伤残或疾病的风险。

信用风险（credit risk）：在经济交往中，因义务人违约或违法致使权利人遭受经济损失的风险。

环境风险（environmental risk）：因职业、收入、居住环境、工作环境和生活习惯等因素导致人死亡、患病或伤残的风险。

职业风险（occupational risk）：因工作环境导致人死亡、患病或伤残的风险。

自然风险（natural risk）：因自然力的不规则变化产生的现象所导致危害经济活动、物质生产或生命安全的风险。

巨灾风险（catastrophic risk；catastrophe）：因一次重大自然灾害、疾病传播、恐怖主义袭击或人为事故造成巨大损失的风险。

社会风险（social risk）：因个人或单位的行为，包括过失行为、不当行为及故意行为对社会生产及人们生活造成损失的风险。

政治风险（political risk）：因种族、宗教、利益集团和国家之间的冲突，或因政策、制度的变革与权力的交替造成损失的风险。

经济风险（economic risk）：在经营活动中，因受市场供求关系、经济贸易条件等因素变化的影响或经营决策的失误等导致损失的风险。

税收风险（tax risk）：因税收政策变动导致个人或单位利益受损的风险。

法规风险（legal risk；regulatory risk）：因国家法律法规变动导致个人或单位利益受损的风险。

1.4.2 风险因素

风险因素（hazard）：促使某一特定风险事故发生、增加损失机会或加重损失程度的原因或条件。

物质风险因素（physical hazard）：是指有形的、并能直接影响事物物理功能的因素，如地震、恶劣的气候造成的房屋倒塌、因疾病传染导致人群的成批死亡等引起或增加人身或财产损失的机会和损失的幅度。

实质风险因素（substantial risk factors）：某一标的本身所具有的足以促使风险事故发生、增加损失机会或加重损失程度的客观原因或条件。

道德风险因素（moral hazard）：因故意行为促使风险事故发生、增加损失机会或加重损失程度，以致引起财产损失和人身伤亡的原因或条件。

心理风险因素（morale hazard）：因人们不注意、不关心、存在某些侥幸或依赖心理，促使风险事故发生、增加损失机会或加重损失程度，以致引起财产损失和人身伤亡的原因或条件。

风险事故（peril）：造成损失的直接的或外在的事件。

1.4.3 风险管理

风险管理（risk management）：人们对各种风险的识别、估测、评价、控制和处理的主动行为。

风险管理目标（risk management goal）：以最小的风险管理成本，使预期损失减少到最低限度或实际损失得到最大补偿。

风险规避（risk avoidance）：直接避免某项风险发生的一种风险处理方式。

风险自留（risk retention）：由个人或单位自行承担风险的一种风险处理方式。

风险预防（risk prevention）：在损失发生前为了消除或减少可能引发损失的各种因素而采取的一种风险处理方式。

风险抑制（risk restraint）：在损失发生时或发生后，为缩小损失程度而采取的一种风险处理方式。

风险中和（risk neutralization）：将风险的损失机会与获利机会予以平均的一种风险处理方式。

风险转移（risk transfer）：通过合同或非合同的方式将风险转嫁给另一个人或单位的一种风险处理方式。

风险集合（risk pooling）：集合同一性质的风险单位，使每一单位所承受的风险减少的方式。

风险对冲（risk hedging）：通过投资或购买与标的资产收益波动负相关的某种资产或衍生产品，来冲销标的资产潜在的风险损失的一种风险管理策略。

风险分散（risk diversification）：金融业（或一般工商企业）运营中对风险管理的一种方法。商业银行的资产结构的特点是贷款多为包含大量潜在不稳定因素的中、长期贷款，而在欧洲货币市场上吸收的存款和借入的又都具有短期性质，这种不对称现象很容易引起周转危机。另外，投资项目在资产结构中所占的比重越来越大。这就要求银行根据资产负债结构的特点进行分散风险的管理。即应力争做到适当分散风险，使资产的安全性和盈利性协调一致。银行既在内部采用分散理论，也可在外部通过其他形式进行投资，把放款的风险分散。

风险分割（risk segmentation）：疏散同一性质的风险单位，以减少一次事故所导致的最大损失的方式。

风险识别（risk identification）：用感知、判断或归类的方式对现实的和潜在的风险性质进行鉴别的过程。

风险估测（risk estimation）：在风险识别的基础上，通过对所收集的资料进行分析，运用定性与定量的方法，估计和预测风险发生的概率和损失程度的过程。

风险评价（risk evaluation）：在风险识别和风险估测的基础上，对风险发生的概率、损失程度，结合其他因素进行全面考虑，评估发生风险的可能性及其危害程度，并与公认的安全指标相比较，以衡量风险的程度，并决定是否需要采取相应的措施的过程。

风险分级（risk classification）：以风险估测和评价为基础，将风险划分成不同的级别。

风险管理技术选择（risk management technique selection）：为实现风险管理的目标，根据风险评价的结果选择并使用最佳风险管理技术。

控制型风险管理技术（loss control risk management techniques）：针对存在的风险因素所采取的降低损失频率和减轻损失程度的风险管理技术。

财务型风险管理技术（financial risk management techniques）：通过财务计划、资金筹措等经济手段，对风险事故造成的经济损失进行补偿的风险管理技术。

2 风险的识别与分析

2.1 风险识别

2.1.1 风险识别的概念

风险识别是指在风险事故发生之前，人们运用各种方法系统地、连续地认识所面临的各种风险及分析风险事故发生的潜在原因。

风险识别技术实际上就是收集有关损失原因、危险因素及其损失暴露等方面信息的技术。风险识别所要回答的问题是：存在哪些风险、哪些风险应予以考虑、引起风险的主要原因是什么、这些风险所引起的后果及严重程度如何、风险识别的方法有哪些等。

（1）风险识别是整个风险管理过程中最重要的程序之一；

（2）风险识别是一项复杂的工作；

（3）风险识别是一项系统性、连续性、制度性的工作。

风险识别的主要工作包括：

（1）全面分析经济单位的人员构成、资产分布及业务活动；

（2）分析人、物和业务活动中存在的风险因素，判断损失发生的可能性；

（3）分析经济单位所面临的风险可能造成的损失及其形态，如人身伤亡、财产损失、财务危机、营业中断和民事责任等。

风险识别过程包含感知风险和分析风险两个环节，如图 2-1 所示。

感知风险：即了解客观存在的各种风险，是风险识别的基础，只有通过感知风险，才能在此基础上进一步进行分析，寻找导致风险事故发生的条件因素，为拟定风险处理方案、进行风险管理决策服务。

分析风险：即分析引起风险事故的各种因素，它是风险识别的关键。

（1）风险识别是用感知、判断或归类的方式对现实的和潜在的风险性质进行鉴别的过程。

（2）存在于人们周围的风险是多样的，既有当前的也有潜在的，既有内部的也有外部的，既有静态的也有动态的，等等。风险识别的任务就是要从错综复杂的环境中找出经济主体所面临的主要风险。

（3）风险识别一方面可以通过感性认识和历史经验来判断；另一方面也可通过对各种客观的资料和风险事故的记录来分析、归纳和整理，以及必要的专家访问，从而找出各种明显和潜在的风险及其损失规律。因为风险具有可变性，因而风险识别是一项持续性和系

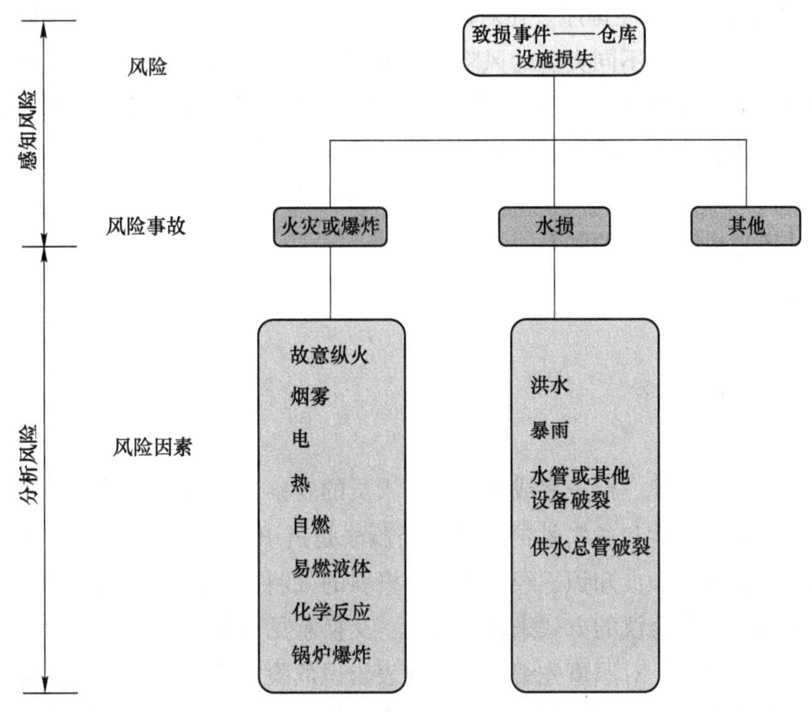

图 2-1 风险识别过程

统性的工作，要求风险管理者密切注意原有风险的变化，并随时发现新的风险。

风险识别作为风险管理过程的第一阶段，要回答和解决的主要问题是：

（1）有哪些风险？

（2）风险因素有哪些？

（3）导致风险事故的主要原因和条件是什么？

（4）风险事故所致后果如何？

（5）识别风险的方法有哪些？

（6）如何增强识别风险的能力？

2.1.2 风险识别的流程

风险识别是一个系统、持续的过程。风险识别一般分为以下 4 个步骤。

（1）建立风险初始清单。建立风险初始清单是风险识别的起点，初始清单中应明确列出客观存在的和潜在的各种风险。风险初始清单一般根据企业过去的项目资料和现场记录来整理归纳，也包括搜集同类项目、同类地区的项目档案资料或其他公开文献资料，包括商业数据库、学术研究、行业标准、规章制度等。

（2）识别和确定风险因素。根据风险初始清单中列出的风险因素，结合具体项目自身和外部环境的特点，对每一类风险因素的不确定性和潜在的危害进行分析，确定项目可能遇到的风险因素。

（3）风险分类和重要性排序。在对风险初始清单分析的基础上，进行风险分类和重要性排序，其目的是便于对不同类型的风险采取不同的对策和措施，把握关键风险管理。

（4）建立项目风险清单。这是风险识别的最后一个步骤。通过建立具体项目的风险清单，可将项目可能面临的风险汇总并按照重要性排列，可以使风险管理人员对项目风险有整体的印象，而且可使每个人不仅考虑自己所面临的风险，也自觉意识到其他风险管理人员的风险，并考虑风险之间的联系。

2.1.3 风险识别的方法

2.1.3.1 专家调查法

A 专家经验法

对照有关标准、法规、检查表或依靠分析人员的观察分析能力，借助于经验和判断能力直观地评价对象危险性和危害性的方法。经验法是辨识中常用的方法，其优点是简便、易行，其缺点是受辨识人员知识、经验和占有资料的限制，可能出现遗漏。为弥补个人判断的不足，常采取专家会议的方式来相互启发、交换意见、集思广益，使危险、危害因素的辨识更加细致、具体。对照事先编制的检查表辨识危险、危害因素，可弥补知识、经验不足的缺陷，具有方便、实用、不易遗漏的优点，但须有事先编制的、适用的检查表。检查表是在大量实践经验基础上编制的，美国职业安全卫生局（OHSA）制定、发行了各种用于辨识危险、危害因素的检查表，我国一些行业的安全检查表、事故隐患检查表也可作为借鉴。

B 智暴方法

智暴是头脑风暴（brainstorming）意译，可以在一个小组内进行，也可以由各个单位人完成，然后将他们的意见汇集起来。如果采取小组开会的形式，参加人以 5 人左右为宜。参加人应没有压力和约束，如不要有直接领导人参加等。智暴法用于风险辨识，就要提出类似这样的问题：如果进行某项工程，会遇到哪些危险，其危害程度如何。可以看出，这种会议比较适合于所讨论的问题比较单纯，目标比较明确的情况。如果问题牵涉面太广，包含的因素太多，那就要首先进行分析和分解，然后再采用此法。当然，对智暴的结果还要进行详细的分析，既不能轻视，也不能盲目接受。一般来说，只要有少数几条意见得到实际应用，就算很有成绩了，有时一条意见就可能带来很大的社会、经济效益。即便除原有分析结果以外的所有智暴产生的新思想都被证明不实用，那么智暴作为对原有分析结果的一种讨论和论证，对领导决策也是很有好处的。

C 德尔菲方法

德尔菲（Delphi）方法表示集中众人智慧预测的意思，是专家估计法之一，可用于很难用数学模型描述的某些风险的辨识中。它有 3 个特点：参加者之间相互匿名、对各种反应进行统计处理、带动反馈地反复征求意见。为保证结果的合理性，避免个人权威、资历、劝说、压力等因素的影响。在对预测结果处理时，主要应考虑专家意见的倾向性和一致性，所谓倾向性是指专家意见的主要倾向是什么，或大多数意见是什么，统计上称此为集中趋势；所谓一致性是指专家意见在此倾向性意见周围分散到什么程度，统计上称此为离散趋势。意见的倾向性和一致性这两个方面对风险辨识或其他预测和决策等都是需要的，专家的倾向性意见常被作为主要参考依据，而一致性程度则表示这一倾向意见参考价值的大小，或其权威程度的大小。

在使用德尔菲方法时，有时还要考虑专家意见的相对重要性，这通常是用专家积极性系数与专家权威程度来表示的。所谓专家积极性系数是指专家对某一方案关心与感兴趣程度。由于任何一名专家都不可能对预测中的每一个问题都具有足够的专业知识和权威性，这应当成为意见评定时的严格参考因素。换句话说，对于参加预测的各个专家，由于知识结构不同，各自意见的重要性也就不同，这可通过加权系数来解决。

德尔菲方法实际上就是集中许多专家意见的一种方法，这比某一个人的意见接近客观实际的概率要大，但从理论上并不能证明这一意见能收敛于客观实际，也没有算出有多少人参加最为合理。为了检验德尔菲方法预测结果的准确性和可信度，美国加利福尼亚大学进行了实验。实验结果表明，采用匿名反馈的德尔菲方法，其结果还是比较可信的。一般说来，预测的时间越长，准确性也越差。关于预测的可靠性或效度的问题，也做了一些实验，即由三个专家组对同一组问题进行预测，结果表明，意见基本上一致。

德尔菲方法的不足之处表现为如下几点。

(1) 受预测者本人主观因素的影响，特别是整个过程的领导都对选择条目及工作方式等起着较大影响，因而有可能使结果产生偏差。

(2) 它有一个取得一致意见的趋势，但从理论上并没有证明为什么这个意见是正确的。

(3) 这种方法从根本上讲还是“多数人说了算”的方法，一般来讲是容易偏保守的，可能妨碍新思想的产生。

(4) 应当采用适当措施提高回收率，如果不采取措施，参加者会感到不耐烦。

在相关研究中，对不易确定的因素要用此法，对可确定的因素也用此法作为引证。

2.1.3.2 安全检查表

安全检查表（SCL，Safety Check List）实际上就是实施安全检查和诊断的项目明细表。也就是说将整个被检系统分成若干分系统，对所要查明的问题，根据生产和工程经验、有关范围标准，以及事故情况进行考虑和布置。把要检查的项目和具体要求列在表上，以备在检查和设计时按预定项目去检查。检查表的内容一般包括分类项目、检查内容及要求、检查以后处理意见、隐患整改日期等，每次检查后都应填写具体的检查情况，用“是”“否”作回答或“√”“×”符号作标记，同时注明检查日期，并由检查人员和被检单位同时签字。

2.1.3.3 危险和可操作性分析

危险与可操作性分析（HAZOP，Hazard and Operability），最早由帝国化学工业（ICI，Imperial Chemical Industries）于20世纪60年代发展起来。HAZOP由HAZOP研究小组来

执行。HAZOP 的基本步骤就是对要研究的系统做一个全面的描述，然后用引导词作为提示，系统地对每一个工艺过程进行提问，以识别出与设计意图不符的偏差。当识别出偏差以后，就要对偏差进行评价，以判断出这些偏差及其后果是否会对工厂的安全和操作效率有负面作用，进而采取相应的补救行动。HAZOP 研究的主要工具是引导词，它和具体的工艺参数相结合，开发出偏差（引导词+工艺参数=偏差）。

A HAZOP 引导词

HAZOP 是一种系统地提出问题和分析问题的研究方法，其一个本质的特征就是使用引导词，用引导词把 HAZOP 小组成员的注意力都集中起来，使小组成员致力寻找到偏差和可能引起偏差的原因。

引导词通常与一系列的工艺参数结合起来一起用，每个引导词都有适用的范围，并不是每个引导词都适用于所有的过程，它与工艺参数的结合必须有一定的意义，即可判断出过程偏差。

B 进行 HAZOP 研究

从前面各节对 HAZOP 的描述中，可以看出，HAZOP 主要是 HAZOP 小组利用引导词作为提示，和工艺参数相结合，从而判断出与设计意图不吻合的各种偏差。引导词的设计要保证作为一个系统整体的工厂的各个部分都要被研究到，并且要考虑到与设计意图相违背的各种可能的偏差。

下面 7 个步骤是在 HAZOP 研究中反复重复进行的，直到 HAZOP 研究完成结束。

（1）应用一个引导词；

（2）开发偏差；

（3）列出可能引发偏差的原因；

（4）列出偏差可能引起的后果；

（5）考虑危险或可操作性的问题；

（6）定义要采取的行动；

（7）对所进行的讨论和所做的决定做记录。

C HAZOP 结果的记录

HAZOP 研究的结果应由 HAZOP 记录员精确地记录下来。

有两种记录方法：选择性记录和完全记录。

2.1.3.4 故障类型和影响分析

故障类型和影响分析（FMEA，Failure Mode and Effect Analysis）是采用系统分割的方法，是一种归纳分析法，主要是在设计阶段对系统的各个组成部分，即元件、组件、子系统等进行分析，找出它们所能产生的故障及其类型，查明每种故障对系统的安全所带来的影响，判明故障的重要度，以便采取措施予以防止和消除。FMEA 也是一种自下而上的分析方法。如果对某些可能造成特别严重后果的故障类型单独拿出来分析，称为致命度分析（CA，Criticality Analysis）。FMEA 与 CA 合称为 FMECA。FMECA 通常也是采用安全分析表的形式分析故障类型、故障严重度、故障发生频率、控制事故措施等内容。

这种方法的特点是从元件、器件的故障开始，逐次分析其影响及应采取的对策。其基本内容是为了找出构成系统的每个元件可能发生的故障类型及其对人员、操作及整个系统的影响。一开始，这种方法主要用于设计阶段。目前，在核电站、化工、机械、电子及仪表工业中都广泛使用了这种方法。FEMA 通常按预定的分析表逐项进行。

按故障可能产生后果的严重程序，可采用如下定性等级：

（1）安全的（一级），不需要采取措施；

（2）临界的（二级），有可能造成较轻的伤害和损坏，应采取措施；

（3）危险的（三级），会造成人员伤亡和系统破坏，要立即采取措施；

（4）破坏性的（四级），会造成灾难性事故，必须立即排除。

2.2 风 险 分 析

2.2.1 风险分析概述

2.2.1.1 风险分析的含义

风险分析是在风险识别、风险衡量基础上对风险及其损失的总体分析方法。风险分析在整个风险管理过程中占有非常重要的地位，是风险管理的基础和前提，风险分析科学与否直接影响风险管理效果的好坏。但是，由于风险的不确定性和复杂性，使风险分析具有相当的难度。本书将从风险识别和风险衡量两个部分来讨论风险分析。风险分析不仅仅是指风险识别或风险衡量，它是一项包含了风险管理这两方面在内的更为复杂的任务。图 2-2 简单描述了风险分析的各个阶段。

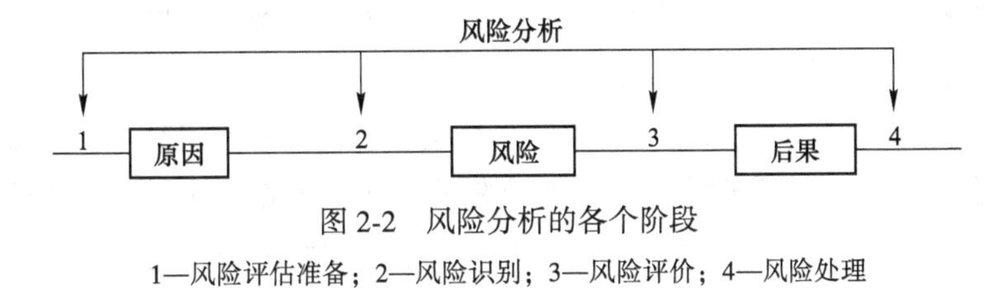

图 2-2 风险分析的各个阶段

1—风险评估准备；2—风险识别；3—风险评价；4—风险处理

2.2.1.2 风险分析的划分

风险分析可以划分为三大部分：风险和人的行为、风险分析方法、统计分析。

A 风险和人的行为

风险分析的第一大领域研究的是与风险相关的人的行为特点、了解他人如何认识风险及面临风险时如何采取行动，对于进行风险分析的人来说是十分重要的。如果我们能更好地了解人们是如何应对风险的，也许我们就能以不同的方式为他们提供建议。

B 风险分析的方法

一种技术方法不可能解决所有的问题，事实上一种方法也不可能适合于所有类型的行业。风险分析方法包括定量分析方法和定性分析方法。定量分析方法具体包括现场调查法、列表检查法、组织结构图法、流程图法；定性分析方法包括危险因素及可行性研究法、事故树法、危险因素指数法。

C 统计分析

毫无疑问，在这一部分中风险数据的运用变得越来越重要了。风险数据获得后更重要的是对其进行统计分析。

2.2.1.3 风险分析的成本

研究风险分析的成本并能合理地安排成本是十分重要的。风险分析的收益在于通过风险分析发现那些尚未被识别的风险，并有助于敦促人们采取控制措施以减少损失，最终降低损失成本。但风险分析的收益并不能立竿见影，甚至在短期至中期内都难以见效。如图 2-3 所示，随着风险分析成本的增加，风险分析的收益也由正值变为了负值。

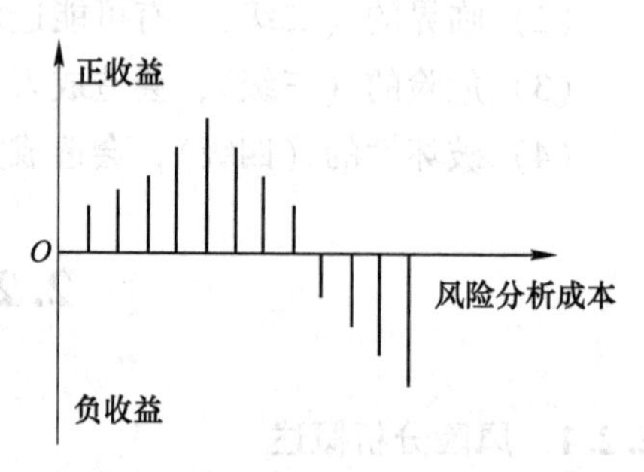

图 2-3 风险分析的收益与成本的关系

2.2.2 风险和人的行为

2.2.2.1 对待风险的态度和行为

态度：风险偏好者和风险回避者。

行为：一家企业应该认识到员工在通常情况下对待风险的态度，并运用这些信息安排适合个人的具体工作。

2.2.2.2 衡量对待风险的态度

（1）“标准赌博”衡量法：它从经济上衡量对待风险的态度。例如：一个结果只可能为 A 或 B 的赌博，A、B 发生的概率分别为 P、1-P。

（2）技术衡量法：并不是从经济的角度来衡量。它们更注重研究个人是如何认识风险的。标准赌博衡量法在风险管理中的运用是有限的，而技术衡量法对于风险管理就有更多的实践指导意义。许多技术都是通过考察个人对某个事件发生的可能性的判断，来研究个人对风险的态度。

1）技术 1（通过事故发生的实际数目与估计值来反映对风险的认识，见表 2-1）。

表 2-1 不同机器发生事故统计举例

机器	事故	事故发生数的平均估测值
A	15	13
B	10	16
C	21	25
D	4	3
E	7	7

续表 2-1

机器	事故	事故发生数的平均估测值
F	8	15
G	17	16

2）技术 2（可以为安全工作或事故防范工作提供目标）。技术 2 更加简化，它只要求每个人根据各种意外事故发生的可能性大小对风险进行排序，而不需要对具体数值进行估测，见表 2-2。

表 2-2　不同条件下事故发生的可能性大小

事故	公司排位	员工排位	行业排位
在平地上跌倒或摔跤	1	6	4
被物体击中	2	4	1
从高处跌落摔伤	3	1	3
超负荷运转	4	2	2
被物体压伤或夹伤	5	7	6
与物体碰撞	6	3	5
被物体擦伤	7	8	7
被电流击中	8	5	8

2.3　走进风险现场

研　讨

结合某类生产经营企业的实际情况，论述该类型企业在生产经营活动中，存在的风险有哪些？（重点分析可能承担的安全事故风险）如何正确选择风险管理策略？

具体要求：

每个小组进行课外讨论并选择确定某类企业，具体分析并回答上述问题。

3 风险评估技术

3.1 风险评估概论

党的二十大报告提出“推进国家安全体系和能力现代化，坚决维护国家安全和社会稳定”，号召全党“主动识变应变求变，主动防范化解风险”，要求“坚持科学决策、民主决策、依法决策，全面落实重大决策程序制度”，为重大决策社会稳定风险评估机制注入新理念，即“统筹发展和安全”“以人民为中心”“发展全过程人民民主”，也为新时代重大决策社会稳定风险评估与应对指明了路径，即“畅通和规范群众诉求表达、利益协调、权益保障通道”，推动健全“共建共治共享”的“社会治理共同体”。习近平总书记也多次在各项工作中强调防范风险，增强忧患意识，坚持底线思维。面对国内外严峻的风险管理形势，在外部监管要求不断加强的情况下，中国企业应该加快建立依法治企体系，加强风险管理能力建设，强化依法风险管理。

风险管理是研究风险发生规律和风险控制技术的一门管理科学，是指风险管理单位通过风险识别、风险衡量、风险评估和风险决策管理等方式对风险实施有效控制和妥善处理损失的过程。它是通过对风险的认识、衡量和分析，选择最有效的方式，主动地、有目的地、有计划地处理风险，以最小成本争取获得最大安全保证的管理方法。全球已有 160 多个国家与地区具有了风险管理专职人才，跨国公司和国际金融业超过 80%的企业已经配置了首席风险官、风险总监等高级管理职位。风险评估作为风险管理的重要环节，在风险防范过程中起着至关重要的导向作用。

3.1.1 风险评估的概念与目的

3.1.1.1 风险评估的概念

风险评估（risk assessment）是指，在风险事件发生之前或之后（但还没有结束），对该事件给人们的生活、生命、财产等各个方面造成的影响和损失的可能性进行量化评估的工作。即风险评估就是量化测评某一事件或事物带来的影响或损失的可能程度。

风险评估是风险管理的重要环节之一，尽管在不同的标准、准则或制度中，风险管理的概念有些不同，但风险评估的核心理念基本是相通的。下面分别就本书涉及的主要标准对风险评估的定义予以介绍。

A　ISO 31000

ISO 31000 标准将“风险评估”作为风险管理的术语，将其定义为：“风险评估是风险识别、风险分析和风险评价的全过程。”

按定义理解，风险评估是一系列活动形成的过程。实际上，风险评估是在风险事件发生之前或之后（但还没有结束），该事件给人们的生活、生命、财产等各个方面造成的影响和损失的可能性进行量化评估的工作，即风险评估就是量化测评某一事件或事物带来的影响或损失的可能程度。

按照 ISO 31000 的框架和定义，风险评估是由风险识别、风险分析和风险评价所组成的。在风险管理领域中，当使用“风险评估”时，就意味着要实施“风险识别、风险分析和风险评价”这三个子过程，而且按照顺序执行这些子过程，形成风险评估的结论。

风险评估是在风险管理过程中及其重要的组成部分，对整个风险管理过程实施的有效性产生直接且重要的影响。为此，作为主标准的补充，ISO/IEC 31010 提供风险评估技术的指南。

B　COSO-ERM

美国反虚假财务报告委员会下属的发起人委员会（简称 COSO）所发布的内控框架是国内外广泛认可采用的风险管理标准之一。在该文件中，将风险评估作为其五大要素之一。在 2013 年所发布的版本中，COSO 内控框架对风险评估提出了 4 项原则，其分别是：

（1）细分风险评估的目标，试点与其目标相关的风险可以被清晰地识别和评估；

（2）对影响其目标实现的风险进行全范围的识别和分析，找到风险因素，并以此为基础来决定如何管理风险；

（3）在评估影响其目标实现风险的过程中，评估舞弊风险；

（4）识别和分析可能对内控体系产生重大影响的变化。

C　财政部等五部委企业内控规范

由财政部会同证监会、审计署、银监会、保监会制定的《企业内部控制基本规范》（以下简称五部委内控规范）中界定“风险评估”是组织建立与实施有效内部控制的五个要素之一，“风险评估是组织及时识别、系统分析经营活动中与实现内部控制目标相关的风险，合理确定风险应对策略”。

在风险管理的前期准备阶段，组织已经根据安全目标确定了自己的安全战略，其中就包括对风险评估战略的考虑。所谓风险评估战略，其实就是进行风险评估的途径，也就是规定风险评估应该延续的操作过程和方式。

风险评估是识别和分析那些妨碍实现经营管理目标的困难因素的活动，对风险的分析评估构成风险管理决策的基础。风险评估中的要素包括关注对整体目标和业务活动目标的制定和衔接、对内部和外部风险的识别与分析、对影响目标实现变化的认识和各项政策与工作程序的调整。有关风险的识别与评估的原则强调有效的内控系统需要识别和不断地评估有可能阻碍实现目标的种种物质风险。这种评估应包括公司（集团）所面对的全部风险，需要不断动态调整控制活动，以便恰当地处理任何新的或过去不加控制的风险。

D　巴塞尔资本协定

新巴塞尔资本协定简称新巴塞尔协议或巴塞尔协议Ⅱ（简称 BaselⅡ），是由国际清算银行下的巴塞尔银行监理委员会（BCBS）所促成，内容针对1988年的旧巴塞尔资本协定（Basel Ⅰ）做了大幅修改，以期对国际上的风险控管制度标准化，提升国际金融服务的风险控管能力。新协议将对国际银行监管和许多银行的经营方式产生极为重要的影响。首先要指出的是，以三大要素（资本充足率、监管部门监督检查和市场纪律）为主要特点的新协议代表了资本监管的发展趋势和方向。

《有效银行监管核心原则》（*Core Principles for Effective Banking Supervision*），是巴塞尔银行监管委员会1997年9月1日发布并生效的国际银行监管领域里一份重要文献。《核心原则》和Basel Ⅰ共同构成了银行风险性监管的基本规定。按照新版《有效银行监管核心原则（2012）》，银行应当建立与其规模和复杂程度相匹配的综合风险管理程序。

3.1.1.2 风险评估的意义

A 风险评估要回答的问题

按照各类风险管理标准的架构，通过实施风险评估，识别评估对象面临的各种风险、评估风险概率和可能带来的负面影响、确定组织承受风险的能力、确定风险消减和控制的优先等级、推荐风险消减对策。

按照解决问题的方式，风险评估要回答在组织风险管理中的以下问题：

（1）可能发生什么？为什么会发生？

（2）产生的后果是什么？

（3）这些后果在未来发生的可能性有多大？

（4）是否存在可以减轻风险后果、降低风险可能性的因素？

（5）风险等级是否是可容忍或可接受的？是否需要进一步应对？

以上第1个问题体现了风险的“事件性”，通过风险事件来提出；第2、第3个问题是针对风险的两个突出特征，即后果与发生的可能性；第4个问题针对的是当前的风险控制；第5个问题则是针对风险的重要性划分，明确指出了“风险容忍”与“风险接受”。

B 风险评估的目标

a 改进组织对风险的认识、理解和应对

在实施风险评估过程前，组织对风险评估对象已有初步认识和理解。通过对每一轮的风险评估都会添加对风险对象的新认识，从而带来对风险对象更全面、深入、正确的理解。正是通过不断循环实施风险评估过程改进了组织对风险的认识、理解，从而使组织正确地制定风险应对决策。

b 风险评估的实施是对目标的不断改进过程

风险管理是一个过程，在通常情况下，不会通过一次过程的运行而使过程的输出就达到预期，而是经过反复修改过程才能达到预期。因此，组织应对实施风险评估的频次做出系统安排，目的是使风险评估能体现“风险”对组织目标的影响。每一次风险评估活动都要围绕实现目标开展评估，并运用上一次的评估结果来评价应对是否有效或者存在的偏离情况，通过过程的螺旋式反复上升，实现更高层次的评估过程运转，从而不断改进评估过程。

C 在风险管理中的作用

ISO 31010 列举了风险评估在风险管理中的主要作用，其核心就是为应对特定风险及选择风险应对策略提供基于事实的信息和分析结果。

a 认识风险及其对目标的潜在影响

通过风险评估的结果，组织或特定事项的管理者可能全面了解面临的风险状况、风险类型、风险等级、已有措施的效果，判断风险采用方法对组织或特定事项既定目标的影响方向及其影响结果。

b 为决策提供实施依据

对组织拟决策的议题事先进行科学的定性识别分析评价，以识别和衡量决策事项的风险大小和重要性划分，借助量化模型实施科学分析、评价，并对实施的决策进行追踪，为组织正确决策和及时决策提供依据。

c 为应对策略提供输入

风险评估要满足风险应对的输入要求，在风险管理过程中哪些风险需要应对、应对的优先顺序，选择和决策风险应对的方式，客观上均要求对风险进行度量，即量化处理并排序出风险的数值大小，从而划分出风险的重要性输入，为决策“哪些风险需要应对、应对的优先顺序”提供参考依据。

d 改进风险管理的量化程度

为组织改进对风险的认识、理解、再认识、再理解的过程，除了对风险的定性认识和分析外，还需对风险的识别进行定量的分析，对风险的量化要求是评估控制措施是否妥当充分和有效的前提。因此，只有建立在“量化”基础上的风险评估才是有效和充分的。

e 发现系统和组织的薄弱环节

风险评估能够使组织或特定事项的管理者了解在组织内部或特定事项的管理程序中有哪些主要的风险因素，或组织或事项流程存在的薄弱环节，这有助于组织或事项管理者明确需要优先采取的风险应对措施。

f 满足监管要求

风险评估有助于组织或特定事项的管理者遵循相关的法律法规和监管要求，有针对性地部署和采取相应的风险应对措施，保证组织或特定事项活动的合规性。同时，监管机构通过事后调查来进行类似风险的预防。

D 与其他管理工作的关系

在风险管理过程中，风险评估并非一项独立的活动，必须整合到风险管理过程的其他组成部分中。GB/T 24353—2009 中界定的风险管理过程包含明确环境信息、风险评估（包括风险识别、风险分析与风险评价）、风险应对、监督和检查、沟通和记录。

进行风险评估时尤其应该清楚以下事项。

（1）组织的环境信息和目标。

（2）组织可容忍风险的范围及类型，以及对于不可接受风险的处理方式。

(3) 风险评估的方法和技术，及其对风险管理过程的促进作用。

(4) 组织内部各部门和人员对于风险评估活动的义务、责任及权力。

(5) 开展风险评估的可用资源。

(6) 如何进行风险评估的报告及检查。

(7) 风险评估活动如何整合到组织日常运行中。

3.1.2 风险评估的基本流程

3.1.2.1 风险评估的子过程

风险评估是由一系列相联系的子过程构成，典型的风险评估过程是包括风险识别、风险分析和风险评价的全过程。

A 风险识别

风险识别是组织应识别风险源、风险影响的范围、相关事件（包含变化的情况）、原因以及潜在的后果。目的是要建立一个基于风险事件的全面风险清单，这些事件可能创造、加强、阻碍、降级、加速或延误目标的实现。因为在这一过程中未被识别的风险将不会进行后续的风险分析，所以全面识别是关键。

即使风险源或风险原因是不明显的，风险识别也应包括无论风险源是否在组织控制之下的风险。风险识别应包括对特定后果连锁反应的测量，包括级联和累积效应。虽然风险源或原因可能并不明显，但是也应考虑其大范围的后果，就像识别可能会发生什么一样，考虑可能的原因和导致后果发生的事态是非常必要的。应考虑所有重要的原因和后果。

组织应采用与其目标、能力、所面对风险相适应的风险识别工具和技术。在识别风险过程中，相关与最新的信息十分重要，还应包括对可能地点的适当背景信息。适当专业知识的人员应参与识别风险。

B 风险分析

风险分析是对辨识出的风险及其特征进行明确的定义描述，分析和描述风险发生可能性的高低、风险发生的条件。

风险分析是要建立对风险的理解。风险分析为风险评价、是否有必要进行风险应对和做出最恰当的风险应对战略和方法的决定提供输入。风险分析还可以对必须做出选择的决策提供输入，可选择的风险分析方法适用于不同种类和程度的风险。

风险分析要考虑风险发生的原因、风险源和它们的正面、负面后果，以及各种结果发生的可能性，识别影响风险产生后果和可能性的各种因素。风险分析就是要确定风险后果、发生的可能性以及风险的其他属性。某一事件可以有多个后果，可能会影响多个目标。现行的控制方法以及它们的效果和效率也应被考虑在内。

风险后果和可能性的表示方式以及两者结合所决定风险等级的方式应反映风险的类型、获得的信息、使用风险评估输出的目的，这些均应与风险准则相一致。同样重要的是应考虑不同风险和其风险源的相互依存。

在进行风险分析时，应考虑决定风险等级的信息以及风险等级对先决条件和假设条件的敏感性，并与决策者进行有效沟通，适当时可与其他利益相关方进行沟通。应阐述和高度关注有关因素，如专家意见的分散程度、信息的不确定性、可用性、质量、数量及持续的相关信息，或所选用模型的局限性。

风险分析应考虑分析的详细程度及变化、与风险本身的依赖性、分析的目的、信息、数据、可得到的资源。风险分析依据情况而定，可以是定性、半定量或定量的或它们的组合。

风险的后果及可能性的确定可通过对一个事件或一系列事件引发结果的模拟或通过实验研究以及可获得的数据外推。风险后果可能以有形的和无形的影响显示。在某些情况下，可能需要多个指标来确切描述不同时间、地点、类别或情形的后果和可能性。

C 风险评价

风险评价是评估风险对组织实现目标的影响程度、风险的价值等。风险评价的目的是协助决策，决策基于风险分析的结果、就风险需要应对和实施应对的优先顺序进行决策。

风险评价包括风险分析过程中所发现的风险等级与在考虑所处环境后应建立的风险准则进行比较。以这种比较为基础，考虑应对的需要。

决策应考虑风险的广阔背景，还应考虑各方所提出的而不是从风险中获取益处的组织所提出的风险容忍度。所做决策应与法律法规及其他要求相一致。

在某些情况下，风险评价可能会导致开展进一步分析的决定；风险评价也可能导致不进行任何风险应对的决定，而是维持现有的控制措施。决策受组织的风险态度和已经建立的风险准则的影响。

3.1.2.2 风险评估的流程

风险评估在风险管理发展的各领域的标准中都是作为风险管理或全面风险管理的重要步骤，如组织风险管理、银行业风险管理、安全生产管理、组织内部控制、质量管理等。主要风险管理标准基本都对风险评估的流程、主要关注点进行了说明。一些标准还对主要评估方法（或风险评估工具）进行了列示。

风险评估的工作流程由组织的业务性质、风险管理战略、管理架构和可动用资源等因素决定。业务性质要求组织考虑有限的人力、物力、风险评估覆盖的业务或管理范围、风险评估的组织方式、与组织管理的嵌入等因素，并能满足根据组织战略制定的风险管理战略目标。按照 ISO 31000 给出的风险管理框架，一个典型的风险评估及其相关工作步骤如图 3-1 所示。

（1）确认组织发展战略（事件定位、事项目标）。

（2）根据组织战略确立风险管理（风险评估）的目标。

（3）确定风险评估的执行方。

（4）建立风险评估的共同语言基础（评估范围、风险描述、风险计量、风险准则、风险承受能力）。

（5）风险识别（基础数据的搜集、整理，识别组织现存的风险和影响）。

（6）建立风险管理的信息库（风险事件库等）。

（7）分析、评价各类风险（按需要采用定量、定性或两者相结合的方法，按需要应用风险评价模型，将风险分析、风险评价结果充实到风险事件库中）。

（8）分析风险评估结果（基于风险事件库，需要对组织层面及其分支和部门重大风险排序、对重大事件、特定事项的风险进行排序）。

（9）建立风险监测体系等。

（10）提出供选择对策（重大风险及其对策影响模拟分析）。

（11）可能是估算组织的整体风险和剩余风险。

（12）根据需要形成（定期或不定期）风险评价报告。

（13）依据持续改进的周期设定，定期从第（3）~第（5）项开始进行循环。

（14）组织战略发生重大变化后从第（1）项开始大循环。

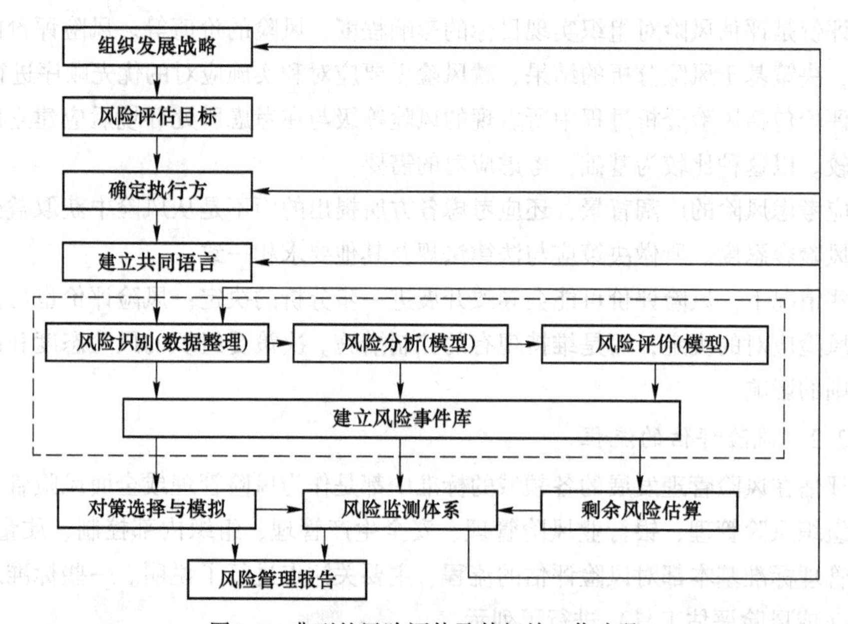

图 3-1 典型的风险评估及其相关工作步骤

图 3-1 中步骤虚线框内的程序是按照 ISO 31000 标准定义的风险评估的基本子过程及其输出，第（1）~第（9）项是风险评估的前提条件或程序，第（10）~第（13）项是以风险评估为输入的后续风险管理程序或工作内容。第（14）项则体现了风险管理工作是一项不断完善的持续改进过程，改进可以是局部或某项程序，也可能是整体性的全面更新与改进。

3.1.3 风险评估的技术分类

人类在风险认知和风险管理领域并不是刚刚开始，而是已经有了十分丰富的经验积累。比如在《风险管理——风险评估技术》（ISO/IEC 31010：2009）（注：GB/T 27921—2011 参考了该标准）中就列举了 32 种风险评估的技术和方法供组织使用（见表 3-1）。但并不是所有的评估方法都适用于风险评估的各个过程。比如蒙特卡罗模拟法就十分适用于风险评价，但却基本不能用于风险识别和风险分析。

表 3-1 32 种风险评估技术

序号	工具及技术	风险评估过程				
		风险识别	风险分析			风险评价
			后果	可能性	风险等级	
1	头脑风暴法	很适用	适用	适用	适用	适用
2	结构化/半结构化访谈	很适用	适用	适用	适用	适用
3	德尔菲法	很适用	适用	适用	适用	适用
4	情景分析	很适用	很适用	适用	适用	适用
5	检查表法	很适用	不适用	不适用	不适用	不适用
6	预先危险分析	很适用	不适用	不适用	不适用	不适用
7	失效模式和效应分析	很适用	很适用	很适用	很适用	很适用
8	危险与可操作性分析	很适用	很适用	适用	适用	适用
9	危害分析与关键控制点	很适用	很适用	不适用	不适用	很适用
10	保护层分析法	适用	很适用	适用	适用	不适用
11	结构化假设分析	很适用	很适用	很适用	很适用	很适用
12	风险矩阵	很适用	很适用	很适用	很适用	适用
13	人因可靠分析	很适用	很适用	很适用	很适用	适用
14	以可靠性为中心的维修	很适用	很适用	很适用	很适用	很适用
15	业务影响分析	适用	很适用	适用	适用	适用
16	根原因分析	不适用	很适用	很适用	很适用	很适用
17	潜在通路分析	适用	不适用	不适用	不适用	不适用
18	风险指数	适用	很适用	很适用	适用	很适用
19	故障树分析	适用	不适用	很适用	适用	适用
20	事件树分析	适用	很适用	适用	适用	不适用
21	因果分析	适用	很适用	很适用	适用	适用
22	决策树分析	不适用	很适用	很适用	适用	适用
23	Bow-tie 法	不适用	适用	很适用	很适用	适用
24	层次分析法	不适用	很适用	很适用	很适用	很适用
25	在险值法	不适用	很适用	很适用	很适用	很适用
26	均值-方差模型	不适用	适用	适用	适用	很适用
27	资本资产定价模型	不适用	不适用	不适用	不适用	很适用
28	FN 曲线	适用	很适用	很适用	适用	很适用
29	压力测试	很适用	适用	适用	适用	适用
30	马尔可夫分析法	适用	很适用	不适用	不适用	不适用
31	蒙特卡罗模拟法	不适用	不适用	不适用	不适用	很适用
32	贝叶斯分析法	不适用	很适用	不适用	不适用	很适用

3.1.4 风险评估的应用领域

风险评估可以运用于3个方面：运营管理（包括任何领域）、决策管理（包括任何领域）、项目管理（包括任何领域）。

如果是企业开展风险管理工作，最应该理解的一种分类是：运营（环境）风险、决策（信息）风险、项目（过程）风险。

风险评估中“建立共同语言”在各类风险管理的标准和规范有不同的名称，“建立环境”“环境建立”“交流与沟通”等是其中常用的提法。

通过明确环境信息，组织可明确其风险管理的目标，确定与组织相关的内部和外部参数，并设定风险管理的范围和有关风险准则。

风险准则是组织用于评价风险重要程度的标准，因此风险准则需体现组织的风险承受度，应反映组织的价值观、目标和资源。组织应根据所处环境和自身情况，合理制定本组织的风险准则。

在进行具体的风险评估活动时，明确环境信息应包括界定内、外部环境、风险管理环境并确定风险准则。在此过程中，应确定组织的风险准则、风险评估目标及风险评估程序。

风险评估要结合具体环境的具体目标来分析。

3.2 典型风险评估技术及优缺点

在现实中，各个组织，无论是营利性组织还是政府为代表承担公共风险管理职能的非营利机构，其风险评估相关活动千差万别。因此，组织采用哪些风险评估技术方法和工具，应以该组织自身状况、管理架构和特点确定，并在建立环境时予以明确。一般来说，选择活用的技术和方法应考虑以下几个因素。

（1）选择的技术或方法是否适应组织的相关情况，包括风险评估的目标、风险的类型及范围的适应性。

（2）该方法得出的结果应当有助于组织内对风险特征的认识，进而能选择合适的风险应对策略，有利于满足风险管理的决策需要，如确定总体风险战略还是具体策略细节。

（3）该技术或方法尽可能有利于进行跨时期的比较分析，即尽可能可重复应用并能用适当的方式验证结果的有效性或合理性。

（4）如果采用多种技术或方法应从相关性及适用性角度说明选择技术的原因。在综合不同研究的结果时，所采用的技术及结果应具有可比性。选择的技术和方法应有利于评价风险评估方法的适用性，以便可能在将来需要修改或更新。

（5）选择的技术或方法需要满足组织需要遵循的业务活动所在地的法律、行政规章，司法管辖区的监管要求，或者是相关合同的要求等。

（6）只要满足上述考虑，从风险评估的成本角度考量，简单方法应优于复杂方法被采用。

（7）其他几类因素对风险评估技术选择的影响更为值得关注，如组织的现有资源及能力、不确定性因素的性质与程度，以及风险的复杂性与潜在后果。

下面介绍几种典型的风险评估技术及其优缺点。

3.2.1 危险分析与关键控制点法

3.2.1.1 概述

危险分析与关键控制点法（HACCP，Hazard Analysis and Critical Control Points）为识别过程中各相关部分的风险采取必要的控制措施提供了框架，以避免可能出现的危险，并及时维护产品的质量可靠性和家全性。HACCP 旨在确保整个过程内的安全性控制，而不是通过检查终端产品来尽量降低风险。

3.2.1.2 用途

开展 HACCP 最初是为了保证美国宇航局太空计划的食品质量。目前，在食品链内运营的组织也利用 HACCP 来控制食品的物理、化学或生物污染物带来的风险，也用于医药生产和医疗器械方面。在识别可能影响产品质量的事项以确定过程内关键参数得到监控，危险得到控制的位点时，使用的原则可以推广到其他技术系统中。

3.2.1.3 输入

HACCP 开始于基本的过程图或过程图以及可能影响到产品或过程输出成果的质量、安全性或可靠性的危险的信息。有关危险及其风险与控制方式的信息都是 HACCP 的输入数据。

3.2.1.4 过程

HACCP 包括以下 7 项原则：

（1）识别危险及危险的预防性措施；

（2）确定过程中可以控制或消除危险的位点（临界控制点或 CCP）；

（3）确定控制危险的关键限值，例如每个 CCP 必须在具体的参数范围内运行，这样才能保证危险得到控制；

（4）按规定的间隔对各 CCP 的关键限值进行监控；

（5）如果过程处于已确定限值之外，执行纠正行动；

（6）建立审核程序；

（7）对于每一步都要实施记录和归档程序。

3.2.1.5 输出

归档记录包括危险分析工作表及 HACCP 计划。危险分析工作表列出了过程中每步的下列内容：

（1）某个步骤中可能引入、控制或加剧的危险；

（2）危险是否会带来严重的风险（通过经验、数据及技术文献等综合因素对结果和可能性进行分析)；

(3) 对严重性做出判断；

(4) 各种危险可能的预防措施；

(5) 该步能否使用监控或控制措施（例如，它是 CCP 吗？)；

(6) HACCP 计划说明了后续程序，以确保对具体设计、产品、过程或程序的控制。这项计划包括一个涵盖所有 CCP 并针对各 CCP 的清单；

(7) 预防措施的关键限值；

(8) 监控及继续控制活动（包括开展监控活动的内容、方式及时机以及监控人员)；

(9) 如果发现与关键限值存在偏差，需要采取的纠正行动；

(10) 核实及记录活动。

3.2.1.6 优点及局限

A 优点

(1) 结构化的过程提供了质量控制并识别和降低风险的归档证据；

(2) 重点关注流程中预防危险和控制风险的方法及位置的可行性；

(3) 鼓励在整个过程中进行风险控制，而不是依靠最终的产品检验；

(4) 有能力识别由于人为行为带来的危险以及如何在引入点或随后对这些危险进行控制。

B 局限

HACCP 要求识别危险、界定它们代表的风险并认识它们作为输入数据的意义。也需要确定相应的控制措施。完成这些工作是为了确定 HACCP 过程中具体的临界控制点及控制参数。同时，还需要其他工具才能实现这个目标。

当控制参数超过了规定的限值时才采取行动可能会错过控制参数的逐渐变化过程，而这些控制参数具有重要的统计意义，本应对其进行处理。

3.2.2 危险可操作性分析

3.2.2.1 起源

危险与可操作性分析（HAZOP，Hazard and Operability Analysis)，是英国帝国化学工业公司（ICI）蒙德分部于20世纪60年代发展起来的以引导词（guide words）为核心的系统危险分析方法，已经有数十年的应用历史。

3.2.2.2 概述

危险与可操作性分析是过程系统（包括流程工业）的危险（安全）分析（PHA，Process Hazard Analysis）中一种应用最广的评价方法，是一种形式结构化的方法。该方法全面、系统地研究系统中每一个元件，以及其中重要的参数偏离了指定的设计条件所导致的危险和可操作性问题。主要通过研究工艺管线和仪表图、带控制点的工艺流程图（P&ID）或工厂的仿真模型来确定，应重点分析由管路和每一个设备操作所引发潜在事故的影响，选择相关的参数，如流量、温度、压力和时间，然后检查每一个参数偏离设计条件的影响。采用经过挑选的关键词表，例如“大于”“小于”“部分”等，来描述每一个潜在的偏离。最终应识别出所有的故障原因，得出当前的安全保护装置和安全措施。所作的评估结论包括非正常原因、不利后果和所要求的安全措施。

3.2.2.3 HAZOP 分析法简介

A 适用范围

（1）HAZOP 分析即适用于设计阶段，又适用于现有的生产装置（全寿命周期概念，每两年进行一次）。

（2）HAZOP 分析可以应用于连续的化工过程，也可以应用于间歇的化工过程。

B HAZOP 分析法的特点

（1）从生产系统中的工艺参数出发来研究系统中的偏差，运用启发性引导词来研究因温度、压力、流量等状态参数的变动可能引起的各种故障的原因、存在的危险及采取的对策。

（2）HAZOP 分析所研究的状态参数正是操作人员控制的指标，针对性强，利于提高安全操作能力。

（3）HAZOP 分析结果既可用于设计的评价，又可用于操作评价；即可用来编制、完善安全规程，又可作为可操作的安全教育材料。

（4）HAZOP 分析方法易于掌握，使用引导词进行分析，既可扩大思路，又可避免漫无边际地提出问题。

C HAZOP 的理论依据

“工艺流程的状态参数（如温度、压力、流量等）一旦与设计规定的基准状态发生偏离，就会发生问题或出现危险”。

D 术语

（1）节点：便于分析具有共同设计意图的一部分系统。

（2）设计意图：工艺流程的设计思路、目的和设计运行状态。

（3）参数：工艺流程操作变量参数，如温度、压力。

（4）引导词：用于和参数结合创造偏差的一组词，如多、少、部分。

（5）偏差：流程偏离设计意图的状态。

（6）原因：导致偏差的可能起因。

（7）后果：偏差所能引起的损失，包括人员伤亡、财产损失或其他可能的安全后果。

（8）保护措施：能减少危害事件发生概率或减轻危害事件后果危害程度的工程设计或管理程序（现有的）。

（9）建议措施：在设计操作程序方面的改动建议，以降低危害事件发生的概率或后果的严重程度，以达到控制风险水平的目的。

E 引导词

常用引导词的定义见表 3-2。

表 3-2 常用引导词定义

引导词	定义
NONE	无、空白，应该有但没有，如物流量
MORE	多、高，较所要求的任何相关物理参数在量上的增加，如流量过多、流速过快、压力过高、液位过高等
LESS	少、低，与 MORE 相反
REVERSE	逻辑相反
PART OF	系统组成不同于应该的部分
AS WELL AS	多，在质上的增加，如多余的成分——杂质
OTHER THAN	异常，操作、设备等其他参数总代用词（正常运行以外需要发生的），如启动、停机、维护、工作故障的预防措施、所需设备的备用设备和省略的设备等

F 节点的原则

（1）节点范围不能过粗。

（2）节点范围不能过细。

（3）管线节点：定义为物料流动通过且不发生组分和相态变化的、具有共同设计意图的一件或多件工艺设备（如过滤器、泵等）。

（4）容器节点：定义为储存反应或处理物料的容器，在其中材料可发生或不发生物理/化学变化。

G 节点分析

（1）确认节点的设计意图。

（2）列出重要参数和引导词。

（3）确定偏差并记录。

（4）确定偏差的后果。

（5）分析偏差的原因。

（6）列出现有保护措施。

（7）若现有保护措施不充分，制定改进措施建议。

3.2.3 层次分析法

层次分析法（AHP，Analytic Hierarchy Process），是由20世纪70年代美国著名运筹学专家 T. L. Satty 提出的。它是指将决策问题的有关元素分解成目标、准则、方案等层次，在此基础上进行定性分析和定量分析的一种决策方法。这一方法的特点是在对复杂决策问题的本质、影响因素及其内在关系等进行深入分析之后，构建一个层次结构模型，然后利用较少的定量信息，把决策的思维过程数学化，从而为求解多准则或无结构特性的复杂决策问题提供了一种简便的决策方法。

层次分析法适用于具有定性的或定性定量兼有的决策分析。这是一种十分有效的系统分析和科学决策的方法。现在已广泛地应用在企业信用评级、经济管理规划、能源开发利用与资源分析城市产业规划、企业管理、人才预测、科研管理、交通运输、水资源分析利用等方面。

3.2.3.1　递阶层次结构的建立

一般来说，可以将层次分为 3 种类型。

（1）最高层：只包含一个元素，表示决策分析的总目标，因此也称为总目标层。

（2）中间层：包含若干层元素，表示实现总目标所涉及的各子目标，包含各种准则、约束、策略等，因此也称为目标层。

（3）最低层：表示实现各决策目标的可行方案、措施等，也称为方案层。

典型的递阶层次结构如图 3-2 所示。

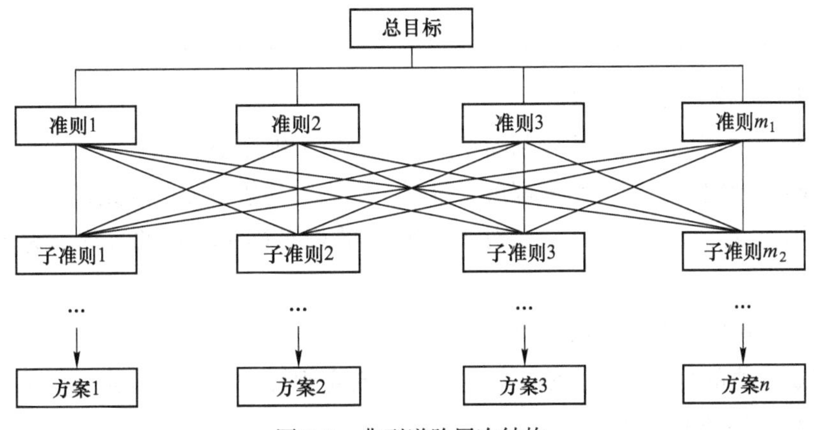

图 3-2　典型递阶层次结构

一个好的递阶层次结构对解决问题极为重要，因此在建立递阶层次结构时，应注意到：

（1）从上到下顺序地存在支配关系，用直线段（作用线）表示上一层次因素与下一层次因素之间的关系，同一层次及不相邻元素之间不存在支配关系。

（2）整个结构不受层次限制。

（3）最高层只有一个因素，每个因素所支配元素一般不超过 9 个，元素过多可进一步分层。

（4）对某些具有子层次结构可引入虚元素，使之成为典型递阶层次结构。

3.2.3.2　构造比较判断矩阵

设有 m 个目标（方案或元素），根据某一准则，将这 m 个目标两两进行比较，把第 i 个目标（$i=1, 2, \cdots, m$）对第 j 个目标的相对重要性记为 a_{ij}，（$j=1, 2, \cdots, m$），这样构造的 m 阶矩阵用于求解各个目标关于某准则的优先权重，成为权重解析判断矩阵，简称判断矩阵，记作 $\boldsymbol{A} = (a_{ij})_{mxmo}$。

Satty 于 1980 年根据一般人的认知习惯和判断能力给出了属性间相对重要性等级表（见表 3-3）。利用该表取 a 的值，称为 1-9 标度方法。

表 3-3　目标重要性判断矩阵 A 中元素的取值

相对重要性	定义	说　明
1	同等重要	两个目标同样重要
3	略微重要	由经验或判断，认为一个目标比另一个略微重要
5	相当重要	由经验或判断，认为一个目标比另一个重要
7	明显重要	深感一个目标比另一个重要，且这种重要性已有实践证明
9	绝对重要	强烈地感到一个目标比另一个重要得多
2，4，6，8	两个相邻判断的中间值	需要折中时采用

3.2.3.3　单准则下的排序

层次分析法的信息基础是比较判断矩阵。由于每个准则都支配下一层若干因素，这样对于每一个准则及它所支配的因素都可以得到一个比较判断矩阵。因此根据比较判断矩阵如何求得各因素 w_1，w_2，…，w_m。对于准则 A 的相对排序权重的过程称为单准则下的排序。

3.2.3.4　单准则下的一致性检验

由于客观事物的复杂性，会使我们的判断带有主观性和片面性，完全要求每次比较判断的思维标准一致是不太可能的。

因此在构造比较判断矩阵时，我们并不要求 $n(n-1)/2$ 次比较全部一致。但这可能出现甲与乙相比明显重要，乙与丙相比极端重要，丙与甲相比明显重要，这种比较判断会出现严重不一致的情况。我们虽然不要求判断具有一致性，但一个混乱的、经不起推敲的比较判断矩阵有可能导致决策的失误，所以我们希望在判断时应大体一致。而上述计算权重的方法，当判断矩阵过于偏离一致性时，其可靠程度也就值得怀疑了。因此，对于每一层次做单准则排序时，均需要做一致性的检验。

3.2.3.5　层次总排序

计算同一层次中所有元素对最高层（总目标）的相对重要性标度（又称权重向量）称为层次总排序。

3.2.3.6　递阶层次结构权重解析过程

A　树状结构目标体系

目标可分为多个层次，每个下层目标都隶属于一个而且只隶属一个上层目标，下层目标是对上层目标的具体说明。对于树状结构的目标体系，需由上而下逐步确定权重，即由树干向树梢，求树杈各枝相对于树杈的权重。

B　网状结构目标体系

网状结构的目标也分为多个层次，每个下层目标隶属于某几个上层目标（至少有一个下层目标隶属于不止一个上层目标）。

3.2.3.7 AHP 方法的基本步骤

层次分析法大体分为以下 6 个步骤：

（1）明确问题，建立层次结构；

（2）两两比较，建立判断矩阵；

（3）层次单排序及其一致性检验；

（4）层次总排序及其一致性检验；

（5）根据分析计算结果，考虑相应的决策；

（6）决策。

3.2.4 其他风险评估技术

3.2.4.1 贝叶斯分析法

贝叶斯统计学是由 1763 年逝世的托马斯·贝叶斯爵士创立的理论。其前提是任何已知信息（先验）可以与随后的测量数据（后验）相结合，在此基础上去推断事件的概率。

近年来，贝叶斯理论及贝叶斯网络的运用非常普及，部分是因为它们具有直观吸引力，同时也归功于目前越来越多现成的软件计算工具。贝叶斯网已用于各种领域，如医学诊断、图像仿真、基因学、语音识别、经济学、外层空间探索，以及今天使用的强大的网络搜索引擎。对于任何需要利用结构关系和数据来了解未知变量的领域，它们都被证明行之有效。贝叶斯网可以用来认识因果关系，以便了解问题域并预测干预措施的结果。

贝叶斯方法与传统统计方法有着相同的应用范围，并会产生大量的输出结果，例如得出点估算结果的数据分析以及置信区间。贝叶斯方法最近颇为流行，而这与可以产生后验分布的贝叶斯网络密不可分。图形结果提供了一种便于理解的模式，可以轻松修正数据来分析参数的相关性及敏感性。

贝叶斯分析法的优点包括：所需的就是有关先验的知识；推导式证明易于理解；贝叶斯规则是必要因素；它提供了一种利用客观信念解决问题的机制。贝叶斯分析法的局限包括：对于复杂系统，确定贝叶斯网中所有节点之间的相互作用是相当困难的；贝叶斯方法需要众多的条件概率知识，这通常需要专家判断提供；软件工具只能基于这些假定来提供答案。

3.2.4.2 风险矩阵法

风险矩阵法（简称 LS），$R=L\times S$，其中 R 是危险性（也称风险度），事故发生的可能性与事件后果的结合，L 是事故发生的可能性；S 是事故后果严重性；R 值越大，说明该系统危险性大、风险大。RLS 相关判定准则如表 3-4~表 3-7 所示。

表 3-4　事故发生的可能性（L）判定准则

等级	标　准
5	在现场没有采取防范、监测、保护、控制措施，或危害的发生不能被发现（没有监测系统），或在正常情况下经常发生此类事故或事件
4	危害的发生不容易被发现，现场没有检测系统，也未发生过任何监测，或在现场有控制措施，但未有效执行或控制措施不当，或危害发生或预期情况下发生
3	没有保护措施（如没有保护装置、没有个人防护用品等），或未严格按操作程序执行，或危害的发生容易被发现（现场有监测系统），或曾经作过监测，或过去曾经发生类似事故或事件
2	危害一旦发生能及时发现，并定期进行监测，或现场有防范控制措施，并能有效执行，或过去偶尔发生事故或事件
1	有充分、有效的防范、控制、监测、保护措施，或员工安全卫生意识相当高，严格执行操作规程。极不可能发生事故或事件

表 3-5　事件后果严重性（S）判定准则

等级	法律、法规及其他要求	人员	直接经济损失	停工	企业形象
5	违反法律、法规和标准	死亡	50 万元以上	部分装置（>2 套）或设备	重大国际影响
4	潜在违反法规和标准	丧失劳动能力	20 万元以上	2 套装置或设备停工	行业内、省内影响
3	不符合上级公司或行业的安全方针、制度、规定等	截肢、骨折、听力丧失、慢性病	1 万元以上	1 套装置或设备停工	地区影响
2	不符合企业的安全操作程序、规定	轻微受伤、间歇不舒服	1 万元以下	受影响不大，几乎不停工	公司及周边范围
1	完全符合	无伤亡	无损失	没有停工	形象没有受损

表 3-6　安全风险等级判定准则（R）及控制措施

风险值	风险等级		管控措施	实施期限
20～25	A/1 级	极其危险	在采取措施降低危害前，不能继续作业，对改进措施进行评估	立刻
15～16	B/2 级	高度危险	采取紧急措施降低风险，建立运行控制程序，定期检查、测量及评估	立即或近期整改
9～12	C/3 级	显著危险	可考虑建立目标、建立操作规程，加强培训及沟通	2 年内治理
1～8	D/4 级	轻度危险	可考虑建立操作规程、作业指导书但需定期检查	有条件、有经费时治理

表 3-7　风险矩阵表

后果等级	5	轻度危险	显著危险	高度危险	极其危险	极其危险
	4	轻度危险	轻度危险	显著危险	高度危险	极其危险
	3	轻度危险	轻度危险	显著危险	显著危险	高度危险
	2	稍有危险	轻度危险	轻度危险	轻度危险	显著危险
	1	稍有危险	稍有危险	轻度危险	轻度危险	轻度危险
		1	2	3	4	5

3.2.4.3 在险值法

一些银行和监管当局普遍地运用在险值法（VaR，Value at Risk）衡量风险。在险值法又被称为“风险价值”或“在险价值”，是指在一定的置信水平下，基一金融资产在未来特定的一段时间内的最大可能损失。与传统风险度量手段不同，VaR 完全是基于统计分析基础上的风险度量技术，它的产生是 JP 摩根公司用来计算市场风险的产物，随后逐步被引入信用风险管理领域。目前，基于 VaR 度量金融风险已成为国外大多数金融机构广泛采用的衡量金融风险大小的方法。

在实际工作中，对于 VaR 的计算和分析可以使用多种计量模型，如参数法、历史模拟法和蒙特卡罗模拟法。参数法是 VaR 计算中最为常用的方法。

利用 VaR 可以比较全面地描述和评估风险。许多风险度量方法，只能用来度量一类资产的风险或一类特定的风险，而在险值不依赖个别风险的特性或受资产种类的限制，具有整体性。因其适用于各种风险，所以在险值可提供一个基准单位，用来比较不同的风险。比如，企业可以用在险值统一度量其面临的市场风险、信用风险等。另外，在险值可以对企业管理层的资源配置和投资决策起到参考作用，如衡量公司各产品业绩、调整交易员的收益行为、实施风险限额和头寸控制等。

在险值也可以应用于投资组合之中，投资者可以通过成分 VaR 来判断投资组合中哪笔交易对投资组合的风险暴露起到了对冲效果，从而优先把新投资投向该交易。在险值的概念还可以用来衡量诸如企业现金流和盈利的风险。这就是所谓的现金流在险值和收益在险值。

A VaR 法的优点

（1）过程简单，结果简洁，非专业背景的投资者和管理者也可以通过 VaR 值对风险进行评判；

（2）可以事前计算风险，不像以往风险管理的方法都是在事后衡量风险大小；不仅能计算单个金融工具的风险，还能计算由多个金融工具组成的投资组合风险。

B VaR 法的局限

（1）过分依赖统计数据和模型，当统计数据不足时难以支持可信赖的在险值模型，比如一次性投资决策的数据；

（2）VaR 方法衡量的主要是市场风险，如单纯依靠 VaR 方法可能会忽视其他风险；

（3）VaR 值表明的是一定置信度内的最大损失，但并不能排除高于 VaR 值的损失发生的可能性；

（4）在险值描述的是正常的市场条件下的情景。在极端情景下，在险值可能就会失去作用。因此，在使用在险值时，要结合其他的方法去进一步考虑这些极端的情形，例如使用情景分析和压力测试的分析方法。

3.3 风险控制措施

3.3.1 控制型风险管理措施

3.3.1.1 定义

控制型风险管理措施是指在风险成本最低的条件下，所采取的防止或减少灾害事故发生以及所造成的经济及社会损失的行动。

其目的是：降低事故发生的概率；将损失减小到最低程度。

3.3.1.2 控制型风险管理措施在风险管理程序中所处的位置

控制型风险管理措施在风险管理程序中处于风险识别及评估与财务型措施之间，如图3-3 所示。

图 3-3 控制型措施在风险管理程序中所处的位置

3.3.1.3 理论基础

A 工程性理论

工程性理论强调事故的机械危险和自然事故，认为风险是由机械和自然方面的原因造成的，对风险进行管控就要从这些角度入手，忽视了人的因素的作用。

B 多米诺理论

多米诺理论强调最终伤害不仅是工程性因素，人为因素也很重要，最早是针对雇员事故理论。

C 能量释放理论

能量释放理论指出大多数事故是由于能量的意外释放或危险材料（有毒气体，粉尘）导致的。着眼于风险事故的形式考察控制型措施。

3.3.1.4 基本的控制性风险管理措施

(1) 风险规避；

(2) 损失控制；

(3) 控制型风险转移。

3.3.2 融资型风险管理措施

3.3.2.1 融资型风险管理措施的含义

融资型风险管理措施是指通过事先的财务计划或者合同安排来筹措资金，以便对风险事故造成的经济损失进行补偿的风险处理方法。融资型风险管理措施着眼于事后的经济补偿。

根据资金的来源不同，融资型风险管理措施可以分为风险自留和风险转移两大类。风险自留措施的资金来自公司内部，风险转移措施的资金来自公司外部。

3.3.2.2 风险自留

A 风险自留的含义

风险自留又称风险承担，是指经济单位自己承担风险事故所致损失。风险自留作为一种重要的财务型风险管理技术，其实质在于，当风险事故发生并造成一定的损失后，企业通过内部的资金融通，以弥补所遭受的损失。和其他财务型风险管理措施一样，它只是在损失后提供财务保障。虽然风险自留和风险规避都是在进行某项活动或计划时已意识到风险的存在，但风险规避是以放弃和中止这项活动或计划的方法来处置；风险自留则仍然继续实施这项活动，但在财务上作出安排，以备损失发生后进行处置。

风险自留在风险管理技术中被视为一种残余技术，是因为任何一种风险管理技术都有一定的局限性，有一定的适用范围，而对某一企业的某一风险，可能所有其他风险管理技术均无法实施，或即便能实施但成本却很高，且效果不佳，这样除了风险自留之外，别无其他选择。例如，某投资人因选址不慎原决定在河谷中建造某工厂，而保险公司又不愿为其承担保险责任。当投资人意识到在河谷中建厂将不可避免地受到洪水威胁，且又别无防范措施时，只好自留全部风险。另外，由于影响风险不确定的因素极其复杂，人们无法完全认识和掌握风险事件发生的规律，从而不可能事先处理所有的风险损失。这些没有被认识和了解的风险损失，只能由企业自己承担。所以，风险自留是处理剩余或残余风险的技术措施，它与其他风险管理技术是一种互补关系。但是，这并不意味着自留风险是一种消极的、无关紧要的技术。实际上，在一定条件下，它是一种积极、有效、合理的风险管理技术。它与保险等其他的风险管理技术结合使用，可获得较好的效果。

B 风险自留的种类

风险自留可分为主动的风险自留和被动的风险自留。所谓被动自留，是指风险管理者因为主观或客观原因，对于风险的存在性和严重性认识不足，没有对风险进行处理，而最终由经济单位自己承担风险损失。所谓主动的风险自留是风险管理者在识别和衡量风险的基础上，对各种可能的风险的处理方式进行比较，权衡利弊，从而决定将风险留置内部，即由经济单位自己承担风险损失的全部或部分。

按风险自留的程度可将风险自留分为全部风险自留和部分风险自留。损失频率高而损失程度小的风险最宜于主动采取全部风险自留。而部分风险自留应当和其他方法一起运用，如购买带有免赔额的保险。

C 风险自留的资金来源

经济单位如果决定部分自留甚至全部自留风险，要想风险自留发挥积极的作用，就应仔细考虑如何使它有效地实现，也就是自留风险的财务处理方式问题。风险自留用于补偿损失的资金一般来源于以下几个方面。

a 将损失摊入营业成本

将损失摊入经营成本是指在风险事故发生时，经济单位把意外的损失计入当期损益，即吸收于短期的现金流通中。这种风险资金的融通形式适宜于处理损失概率高而损失程度小的风险，这些风险损失属于企业的不可避免的经常性支出。因此，只要这些损失能够较好地被认识，其数额就可以打入预算。需要指出的是，在将损失额打入预算时，仅仅按照各个时期的预期损失额来确定预算是不够的，因为实际损失额和预期损失额还存在着差异。只有当各时期的单独损失额和总损失额都在预算限额以内时，这种处理自留风险的方式才可能是有效和可靠的。

b 建立意外损失专用基金

建立意外损失基金作为风险自留的一种措施，具有节省附加保费、促进企业经营稳定、获取投资收益、降低道德风险等优点，但其效力的发挥往往受限于基金的规模，如果在基金积累期间发生的损失超过了基金累积的数额，则需要动用企业其他资金来源予以弥补，从而可能造成企业财务周转困难。同时，也难以享受免税或递延纳税的好处。

c 建立信用额度

信用额度是指在损失发生前安排好企业可以得到贷款的条件。这是企业与银行就一项期权进行谈判，内容是在某一约定时期内按约定利率融通约定金额的借款。企业可以在需要时动用信用额度来支付损失。信用额度能缓解现金需求的压力，借款必须如期偿还，支付损失的负担最终还是由企业股东来承担。此外，银行对企业做出借贷资金（尤其是当资金量较大时）的保证，可能会收取一个相对较高的利率。

d 筹集外部资金

如果企业不事先安排融资工具，也可能在损失发生后试图向银行贷款或发行权益类证券来为损失融资，以解燃眉之急，当然，这种方法也存在较大的风险。事实上，风险事故发生后，企业资产价值严重贬值，经营状况不稳定，信誉下降，此时企业处于不利的借款地位，但对现金的需求却十分迫切，从而使融资条件变得非常苛刻。而一个损失前信用就不太好的企业，在此时可能借不到一分钱，不论其答应什么条件。尽管如此，从外部资金来源筹措损失融资仍不失为一种有效的手段，因为保证企业生存和业务正常进行是最为重要的目的。

e 专业自保公司

专业自保公司是那些由其母公司拥有的，主要业务对象即被保险人为其母公司的保险公司。专业自保公司是风险自留中的一种特殊情况，其目的是为母公司提供保险保障。

3.3.3 内部风险抑制

内部风险抑制是指企业通过内部业务的管理调整来降低外汇风险的各种手段。

内部风险抑制措施包括分离和风险沟通等。

3.3.3.1 分离

风险可以定义为预期损失与实际损失之间的差异，延伸为预期损失越接近实际损失，风险就越小。如何增强预期损失的可靠性呢？概率论的大致法则从理论上提供了一种方法，即增加风险单位的数量。风险单位尤其是同质风险单位数量越多，对未来损失的预测将越接近实际损失。从具体实现的途径来区分，有以下两种分离风险单位的方法。

A 分割

分割风险单位是将面临损失的风险单位分割，即“化整为零”，而不是将它们全部集中在可能毁于一次损失的同一地点，即“不要把所有鸡蛋放在一个篮子里”。通过分割风险单位避免了同一风险事件波及较大的范围，以达到减少损失的目的。建筑结构内的防火墙就是分离的一个例子。将建筑结构内部分成若干个由防火材料隔开的局部空间，将使火灾损失被限制在一个分隔间内。这种分割客观上减少了一次事故的最大预期损失，因为它确实增加了独立的风险单位数量。

B 结合

结合是将同类风险单位加以集中，以有助于预测未来损失、降低风险的一种对策。由于结合使独立风险单位的数量增加，在其他条件不变时，根据大数定律，预测损失的能力将得到提高，因而风险减小。企业实行结合的途径之一是进行内部扩张，如出租汽车公司可以扩大其车队的规模。

3.3.3.2 风险沟通

“风险沟通”这个术语最早是在社会学和公共管理学领域出现的，其出现的背景就是风险社会逐渐形成以风险评估、心理学、传播学三大学科为支柱的风险沟通，其重要性日益为社会各界所重视，特别是“9·11”事件之后，风险沟通更是在公共领域发挥了积极作用，成为风险管理（特别是公共风险管理）的重要工具。

广义而言，风险沟通泛指所有风险信息在来源与去处之间流通的过程。所有的风险信息应包括财务性风险与危害性风险信息。风险沟通的目标就是：(1) 改变人们对风险态度和行为；(2) 降低风险水平；(3) 重大违纪来临前，紧急应变的准备；(4) 鼓励社会大众参与风险决策；(5) 履行法律赋予人们的知情权；(6) 教导人们了解风险，进而掌控风险。

3.4 查阅重大事故文献找到事故原因

研 讨

请列举一起生产安全事故，以 GB/T 13861 为依据，对此次事故中人的因素进行分析，并提出预防人的不安全行为的有效措施。

具体要求：每个小组由组长负责，组织课后集中讨论，确定“事故案例”，并形成总结性提纲，并推荐 1 人进行总结发言。

(1) 重大事故遴选及事故概要；

(2) 风险因素列表；

(3) 风险评估；

(4) 重大风险管控报告。

4 风险管理标准体系

风险管理体系是指将项目中的风险管理中的各项要点，按风险管理的要求，形成一个各种要素相互区别、联系、制约、形成确定功能的整体。风险管理体系主要包括以下8项：

（1）市场风险：市价波动对于企业营运或投资可能产生亏损的风险，如利率、汇率、股价等变动对相关部位损益的影响。

（2）信用风险：交易对手无力偿付货款或恶意倒闭致求偿无门的风险。

（3）流动性风险：影响企业资金调度能力的风险，如负债管理、资产变现、紧急流动应变能力。

（4）作业风险：作业制度不良与操作疏失对企业造成的风险，如流程设计不良或矛盾、作业执行发生疏漏、内部控制未落实。

（5）法律风险：契约的完备及有效与否对企业可能产生的风险，如承做业务的适法性、外文契约及外国法令的认知。

（6）会计风险：会计处理与税务对企业盈亏可能产生的风险，如账务处理的妥适性、合法性、税务咨询及处理是否完备。

（7）资讯风险：资讯系统的安控、运作、备援失当导致企业的风险，如系统障碍、宕机、资料消灭，安全防护或电脑病毒预防与处理等。

（8）策略风险：处于竞争市场环境中，企业选择市场利基或核心产品失当导致风险。

4.1 国际风险管理标准体系

进入21世纪以来，无论是学术界还是企业界，都对风险管理的议题高度重视并试图寻求改善的方法。在国外，2001年起美国安然、世通等一众企业巨头的舞弊事件的曝光，引起了世界范围内的哗然，成为人们对风险管理给予重视的开始。2008年美国引发的波及世界经济的次贷危机，造成了雷曼兄弟等数百家知名的金融机构的破产。这次金融危机在对世界经济格局产生深远影响的同时，更是引起全世界对风险管理的极大关注。正是在这样的背景下，2009年国际标准化组织发布了《风险管理——原则与指南》（ISO 31000：2009）的正式版本（以下简称ISO 31000：2009），它总结了全球范围内与风险管理有关的前沿理论和实践范本，汲取其中的精华，并将其标准化，成为人类标准化风险管理的又一里程碑。在随后至今的10多年时间里，人们从未停止对风险管理的研究。2018年，ISO在时隔9年后对原有的理论框架进行更新，发布了《风险管理指南》（ISO 31000：2018）

(以下简称 ISO 31000：2018)，新的标准在描述上更加简洁和便于理解，也更注重风险管理和组织业务活动的整合和融入。

对中国而言，可以看到在“一带一路”等国家倡议的推动下，中国改革开放的力度在进一步加强，结合全球经济一体化的大背景，企业面临着更加激烈的市场竞争和多样化的风险。在优胜劣汰的市场机制作用下，如果企业没能恰当地处理其面临的风险，就极有可能给自身带来重创，康美药业、康得新、乐视、长春生物等就因此几乎遭受灭顶之灾。所以，如何有效地识别、分析、应对风险，已引起我国大部分企业的关注和重视，不少企业也已将风险管理列为企业日常经营管理的组成。在国家层面上，党的二十大报告提出“推进国家安全体系和能力现代化，坚决维护国家安全和社会稳定”，号召全党“主动识变应变求变，主动防范化解风险”，要求“坚持科学决策、民主决策、依法决策，全面落实重大决策程序制度”，为重大决策社会稳定风险评估机制注入新理念，即“统筹发展和安全”“以人民为中心”“发展全过程人民民主”，也为新时代重大决策社会稳定风险评估与应对指明了路径，即“畅通和规范群众诉求表达、利益协调、权益保障通道”，推动健全“共建共治共享”的“社会治理共同体”。作为国民经济的主导力量的国有企业，特别针对性地提出要坚持做强做优做大，并全面提升它的活力、影响力、控制力和抗风险能力；将“一事一报告”落实到对重要情况、重大事项、重大风险及违法违规行为的管理中；探索集法律、合规、内控为一体的风险管理平台，不断提升管理效能。

4.1.1 国际风险管理标准概况

4.1.1.1 国际风险管理发展历程

全球第一个和风险相关的标准是在 1991 年建立，挪威标准机构在奥斯陆发布的 *Krav Til Risikoanalyser*（《风险分析要求》），其虽然不是一个典型的风险管理标准，但可以看得出已经开始具备了一些风险管理的要素。实际上风险管理的标准的形成从 20 世纪 30 年代起经历了 3 个阶段。

A 传统风险管理阶段

20 世纪 30 年代之前，“风险”和“管理”是作为单独存在的两个概念，直至美国学者 Solomon Schbner（1930）将二者整合成为一个新的学术概念——风险管理，它在实质上是对所有风险管理活动的总称，并以风险识别、评估、应对及控制为构成要素。

从此到 20 世纪 60 至 80 年代，相继又有美国学者对风险管理做了理论方面的阐述。JT Gleason（1952）在他的 *Financial Risk Management* 一书中将风险管理的理念运用于企业日常的经营风险控制中，他指出，企业要围绕风险管理制定这样的一套流程——使得企业能够识别出自身面对的风险，并可以通过控制活动进行控制。他认为风险管理对企业而言具有重要意义，并将其归纳为以下 3 个方面：（1）预测企业所面临的各种风险；（2）构建一套流程用以分析、评估企业的经营风险；（3）企业内部要有单独的部门对风险控制活动进行施行和监控。Richard M. Heins 等人（1985）将风险管理定义为一种管理方法，在运用风险识别、计量和控制的方法后，可将风险的损失降到最低的程度。

B 现代风险管理阶段

步入20世纪80年代后，风险管理概念从早期的财务、保险、金融等单一职能层面拓展到企业运营的整体层面上。企业依据风险组合的观点，高视角、全方位看待风险，全面风险管理思想的萌芽就此出现。1992年，整合风险管理的概念由美国学者Kent D. Miller率先提出，这种管理系统可以从整体视角上考虑企业面临的所有风险。

在1995年，澳大利亚发布了世界范围内第一个国家级别的风险管理标准——AS/NZS 4360。该标准在之后进行过两次修订，AS /NZS 4360：2004标准对风险管理术语和风险管理的过程进行了规定，它将风险定义为一种事件发生的概率，它对目标产生影响，这个影响同时有着消极和积极的一面。AS /NZS 4360标准发布之后得到了全球各种组织的广泛认可，并成为国际标准化组织（ISO）制定ISO 31000：2009的重要参考文本。

C 全面风险管理阶段

进入21世纪以后，企业面临的风险更复杂化、多元化。在这样的背景下，从更具综合、全面的视角来分析和管理企业的风险是必要的，故风险管理发展步入了全面风险管理阶段。在这阶段形成的并具有广泛影响力的风险管理理论有COSO-ERM框架、ISO 31000、GARP框架等。

a COSO-ERM框架

COSO委员会为了提供一套标准使企业能对自身的风险管理过程进行评估，在2004年颁布了《企业风险管理——整合框架》，它主要关注在风险视角下如何将企业管理要素整合，介绍了由4个层级、4个目标和8大要素构成的风险管理理论体系。2004版COSO-ERM框架发布以来，在监管机构和企业界取得了广泛的引用和实践。

2017年，COSO委员会将2004年的指南更新为《企业风险管理——战略和绩效的整合》，吕文栋等（2019）指出新框架指明了风险管理与内部控制的关系，试图构建出“战略-风险管理-绩效”的一体化风险管理体系。里贝（2018）指出2017版的框架对企业风险管理的定义进行了简化，深化了风险管理理论在战略设置和执行方面的认识，更加关注对企业风险管理的整合。

b ISO 31000

ISO 31000：2009将风险管理视为企业组织管理的必要部分，并以风险管理原则、框架、过程这3大部分为基础搭建了风险管理理论体系。和COSO委员会主要定位于营利组织相比，ISO组织的定位更加广泛，故使得ISO 31000具有更普遍的应用价值。

2018年，ISO更新了原有的ISO 31000风险管理标准。卢新瑞（2018）指出同ISO 31000：2009相比，ISO 31000：2018主要有以下变化：（1）关注对风险管理原则的审查，这对于风险管理的成功实施很重要；（2）从组织的治理着手，对最高管理层的领导给予关注，并确保将风险管理和组织的各种活动相融合；（3）更强调风险管理的迭代性，随时将实践中的经验、知识和分析运用到对风险管理流程的修正中，修正内容包括流程的要素、行动和控制；（4）精简内容，更加注重维护这个系统模型的开放性，以更好地适应不同的需求和环境。

4.1.1.2 国际风险管理标准体系发展历程

澳大利亚和新西兰国家风险管理标准发布后，在全球各国都引起了一定的关注，加拿大开始着手制定加拿大的国家标准，并于1997年发布了《风险管理：决策者指南》（CAN/CSA-Q850）。

不同的是，加拿大的风险管理专家们在其标准中特别强调了沟通和咨询的重要性。

在这期间：

1997年，日本标准协会发布《风险管理体系》标准（JIS/TR-Z0001）；

1998年，英格兰威尔士特许会计师事务发布了风险研究声明提案；

1998年，加拿大特许会计师公会发布《了解风险：选择，连接和能力》文件；

1999年，在这样的基础上，澳大利亚标准/新西兰标准联合技术委员会发布了AS/NZS标准的更新版，进一步细化了风险管理流程，并且借鉴了加拿大标准的内容，修订了沟通和咨询要素。风险的定义仍沿用了上一版1995年的描述，风险评估仍然保持和第一版一样，不包含风险识别环节。

实际上，早在1996年，ISO组织和国际电工委员会IEC曾组织过一个国际会议，讨论根据澳大利亚/新西兰的标准制定国际标准，但由于部分国家和组织考虑自身利益的原因，并未成行。但促使了ISO/IEC指南《风险管理——词汇》（ISO GUIDE 73：2002）的发布。

直到2004年澳大利亚、新西兰和日本重新提出要求，希望ISO采取AS/NZS 4360作为国际标准。

同时，AS/NZS 4360也发布了第三版更新文件，大家可以看出这版框架已经和2009年的第一版ISO 31000的流程非常接近了。

澳大利亚/新西兰标准联合技术委员会经过3年的工作，在1995年发布了AS/NZS 4360。但这个标准发布后，有部分专家觉得这应该是一个适用于某一个行业比如说保险行业的标准。美国著名的风险管理评论家菲利克斯·克曼在1971年产品评论网站Best Review发布论文称“如果破除不了风险管理就是保险的咒语，就不可能成为一名真正的风险管理者”，可见保险业和风险管理在过去的紧密联系。所以技术委员会又专门召集会议澄清，坚决反对将此标准定义为只适用于某一行业的说法，而提出了风险管理一般流程的普遍适用性，不局限于任何行业和部门。

因为如果被定义为某一行业标准，那么风险管理必定会沦为一项工具和技术，而它的普遍适用性，正是将人们的视线从眼下聚焦风险管理技术进行了质的提升，将风险管理从艺术、哲学、意识、文化层面进行认知，只有到这样的高度才会具有普适性。

A 我国企业内部控制规范体系

为了提高企业的经营管理水平和风险防范能力，我国财政部、审计署等五部门于2008—2010年联合发布了《企业经营活动的整合，从而突出了企业治理和领导力在风险管理工作中的作用》。

B 国际ISO3 1000（2018）体系

2018年，国际标准化组织（ISO）修订了《风险管理指南》（ISO 31000（2018）），围绕价值创造和保护提出了8项风险管理原则，建立了以领导人与承诺为核心的企业风险管理框架，明确了6项风险管理流程。ISO 31000（2018）从风险出发，考虑到环境（包括人的行为和文化因素）的动态变化及影响，强调风险管理对风险决策的支持作用，重视风险管理与其他经营活动的整合，从而突出了企业治理和领导力在风险管理工作中的作用。

ISO 31000（2018）是管理企业各类风险的通用方法，同样也适用于企业海外并购活动的风险管理。

4.1.2 各国风险管理标准概况

4.1.2.1 澳大利亚-新西兰风险管理标准

“一个逻辑的和系统化的方法，此方法建立联系、识别、分析、评价、处理。监控和沟通与任何行为、功能和流程相关联的风险，使得组织的损失最小化，机遇最大化。”

澳大利亚-新西兰风险管理标准AS/NZS 4360是世界上第一个国家风险管理标准，是澳大利亚和新西兰的联合标准。它于1995年首次发布。当时制定此标准的目的是为了制定一个统一的标准，以期对若干澳大利亚和新西兰上市或私有企业在风险管理应用问题上有所帮助。此标准参考了1993的《澳洲新南威尔士洲风险管理指南》，而该指南的主要负责人后来主持了AS/NZS 4360标准的制定，所以，AS/NZS 4360标准与《澳洲新南威尔士洲风险管理指南》在结构上具有相似性。AS/NZS 4360分别于1999年和2004年进行修订。到目前为止，AS/NZS 4360标准已经被澳大利亚政府和世界上许多上市公司采用，许多澳大利亚和新西兰的行业协会根据AS/NZS 4360和自己的行业特性编制了供本行业使用的风险管理标准。

AS/NZS 4360的主要内容是它给出了一套风险管理的标准的语言定义和风险管理的标准过程定义。在标准的语言定义中，AS/NZS 4360明确指出风险是对目标而言的不确定性，其结果“可以是损失、伤害、失利或者获利”。而“风险管理既是为了发现机会，也同样是为了避免或减轻损失”。由于企业的目标不仅是为了避免损失，更是为了盈利。这样AS/NZS 4360的定义就把风险和企业的目标紧密结合起来。在标准过程定义中，AS/NZS 4360把风险管理看作一个过程，并给出了这个过程的一般定义，即风险管理应分为通信和咨询、建立环境、风险识别、风险分析、风险处置、风险监控与回顾7个步骤。

4.1.2.2 美国COSO-ERM（2017）体系

“由一个企业的董事会、管理层或其他人员实现的一个流程，应用于企业战略制定和贯穿于整个企业的运营过程，旨在确定可能会影响实体利益的潜在事件，管理风险偏好下的各类风险，以合理保证企业实现其目标。”

2017年，COSO委员会发布的《企业风险管理框架——与战略和绩效的整合》（COSO-ERM（2017）），包含企业治理和文化、战略和目标设定、绩效、审阅和修订、信息沟通和报告5个要素和20项具体原则，描述了企业实施风险管理的具体流程，包括从治理到监督的各个方面。

4.1.2.3 其他相关标准

与风险评估相关的标准还有美国国家标准技术研究所（NIST）制定的 NIST SP800 系列标准，其中 NIST SP800-53/60 描述了信息系统与安全目标及风险级别对应指南，NIST SP800-26/30 分别描述了自评估指南和风险管理指南。修订版的 NIST 800-53 还加入了物联网与工控系统的安全评估。下面简单介绍信息技术安全性评估通用准则（CC）和美国的可信计算机系统评估准则（TCSEC）。

《信息技术安全评估公共标准》（ISO/IEC 15408-1）（CCITSE，Common Criteria of Information Technical Security Evaluation），简称 CC，是美国、加拿大及欧洲 4 国（共 6 国 7 个组织）经协商同意，于 1993 年 6 月起草的，是国际标准化组织统一现有多种准则的结果，是目前最全面的评估准则。

CC 源于 TCSEC，但已经完全改进了 TCSEC。CC 的主要思想和框架都取自 ITSEC（欧）和 FC（美），它由 3 部分内容组成：

（1）介绍以及一般模型；

（2）安全功能需求（技术上的要求）；

（3）安全认证需求（非技术要求和对开发过程、工程过程的要求）。

CC 与早期的评估准则相比，主要具有 4 大特征：

（1）CC 符合 PDR 模型；

（2）CC 评估准则是面向整个信息产品生存期的；

（3）CC 评估准则不仅考虑了保密性，而且还考虑了完整性和可用性多方面的安全特性；

（4）CC 评估准则有与之配套的安全评估方法（CEM，Common Evaluation Methodology）。

4.2 国内风险管理标准体系

随着经济和社会的发展，人们驾驭自然的能力增强了，管理风险的水平也在不断提高。然而，随着全球化、经济发展、科技进步、人口增加、国际关系变化等各种新情况的产生，人们所面临的风险因素的种类和数量也增加了很多。现代商品经济的发展，使社会内部的政治、经济结构不断发生着变化，各部门之间的联系更加错综复杂，各种不确定、不稳定因素大大增加。同时，高度发达的社会生产力所形成的买方市场，使企业间的竞争日益激烈，特别在需求变化日新月异的情况下，产品换代周期日益缩短，技术革新的风险越来越大，再加上国际环境动荡不安，使风险管理成为全世界普遍重视的问题。可以说，风险管理是一个永恒的话题。

加入 WTO 之后，中国所面临的政治经济形势及其相应的风险因素更多、更复杂，各种潜在损失发生的概率以及损失的规模和影响都会相应增大。尤其是 2003 年发生“非典”疫情以来，“风险”这个词在我国媒体上出现的频率明显增加；2004 年“中航油”事件的爆发更使得风险管理走进了中国企业家的视野。可见，在经济全球化、竞争日趋激烈的情况下，中国的各类组织亟须增强风险意识、加强风险管理，这对于保证中国经济平稳发展，提升中国的持久竞争力，以及构建和谐社会都是极为必要和迫切的。

中国的风险管理理论研究起步较晚，20 世纪 80 年代风险管理理论开始进入中国，经过引进、消化和实践的过程，关于风险管理的应用和研究已经在中国取得了不少成果。

2006 年，国资委发布了《中央企业全面风险管理指引》，其中提到的重要的风险管理指导理论——全面风险管理，为企业开展风险管理工作提供了指南。全面风险管理要求：风险管理目标要为实现企业总体发展战略服务；风险管理基本流程的执行要体现在实际经营过程和管理的各个环节中；要注重对良好的风险管理文化的培育；根据企业所处行业、经营环境、自身特性的不同，构建适合自身的全面风险管理体系。张继德、郑丽娜（2012）指出在《中央企业全面风险管理指引》的指导下，中国很多的央企成功地进行了全面风险管理实践，其为企业的风险应对及竞争力的增强提供了有力的理论支撑。

2009 年 9 月，国家正式发布 GB/T 24353《风险管理原则与实施指南》。其普遍适用于中国所有组织，也是实施风险管理的最高参照标准，进一步满足了中国企业风险管理实践的需要。

郑学锋等（2018）指出基本上中国的风险管理标准完全照搬了国外的标准，如《中央企业全面风险管理指引》主要参照 COSO-ERM 框架，GB/T 风险管理标准主要借鉴了 ISO 的相应标准。他提出中国风险管理标准的未来发展趋势依然是跟随国际组织的步伐，并在此基础上制定出更适合中国组织的各类标准，使之更具中国特色。

制定标准的目的是在一定范围内获得最佳秩序，这里所说的“最佳秩序”指的是，通过制定和实施标准，使标准化对象的有序化程度达到最佳状态。不同的组织对风险管理可能有着不同的理解，关注的焦点也各有不同。这就造成了不便于实现风险管理的各个相关方之间的相互配合与促进、难以开展对整体风险管理效果的客观评价等问题，也就难以达到“最佳秩序”。因此需要制定风险管理标准来对风险管理行为进行规范。风险管理标准提供了一种共同的语言或公式，有了统一的标准，实施风险管理的相关各方就可以使用相同的风险管理过程，有了相同的决策、处理基础，就有可能对风险管理持有共同的认识。所以说，风险管理标准化有利于规范风险管理活动。

另外，标准的产生主要是基于科学研究的成就、技术进步的新成果同实践中积累的先进经验相互结合，是对科学、技术和经验加以消化、融会贯通、提炼和概括的过程。在长期的生产实践中，人们为了规避风险或减少损失，已经积累了一定的经验，也取得了大量的科学技术成果，这些成果和经验如果以标准的形式来表达，对于组织在实施风险管理中提高效率具有重要意义。

中国风险管理及标准化研究相对比较薄弱，现对中国风险管理方面的国家标准统计如表 4-1 所示。

表 4-1 中国风险管理国家标准统计表

序号	标准号	中文标题	采用关系
1	GB/T 16856—1997	机械安全 风险评价原则	Pr EN 1050—1994，1995，EQN
2	GB/T 18569.1—2001	机械安全 减小由机械排放的危害性物质对健康的风险 第1部分：用于机械制造商的原则和规范	ISO 14123—1—1998，EQN
3	GB/T 18569.2—2001	机械安全 减小由机械排放的危害性物质对健康的风险 第2部分：产生验证程序的方法学	ISO 14123—2—1998，EQN
4	GB/T 20032—2005	项目风险管理 应用指南	IEC 62198—2001，IDT

由表 4-1 可知，中国风险管理方面的标准非常欠缺，存在着数量少、种类少、版本陈旧等问题。而且，中国目前还没有风险管理指南类标准。据了解，在实际应用领域，由于中国没有自己的风险管理指南标准，许多组织就自己翻译国外的标准（如 AS/NZS 4360 等），效果不甚理想。可见，中国风险管理及其标准化现状已经远远无法满足方方面面对风险管理标准的需求，存在很大缺口。

中国加入 WTO 后，面临的政治经济形势及其相应风险因素更多、更复杂，尤其是“非典”疫情的爆发和各类事故的频发，“风险”与“风险管理”越来越受到人们的关注。

从 2003 年开始，国资委组织进行了“中央企业全面风险管理指南”课题的研究，并于 2006 年 6 月颁布了《中央企业全面风险管理指引》；国信办于 2003 年 8 月成立了“信息安全风险评估”课题组，进行信息安全风险管理的研究；国家安全生产监督管理总局负责人曾在 2005 年国际风险管理理事会（RGO）的讲话中强调：“风险管理广泛应用于经济、政治、社会、军事、资源环境和安全生产等各个领域。中国安全生产需要风险管理，实现经济、社会、人文和环境的协调、持续发展需要风险管理，风险管理必将在中国、在世界的各个领域得到更广泛的应用”。会议得到了财政部、卫生部、水利部、国土资源部、信息产业部等国家部委的关注。

国家标准委也特别重视风险管理及风险管理标准化工作，从 2005 年 ISOTMB 风险管理工作组成立至今，一直派专家积极参与风险管理国际标准的制定工作，在《风险管理—风险管理原则与实施指南》（ISO 3100）的制定过程中发挥着重要的作用。

经国家标准委批准，2007 年 11 月全国风险管理标准化技术委员会（SAC/TC310）正式成立，这标志着我国风险管理标准化工作已经全面启动。全国风险管理标准化技术委员会由刘源张院士担任主任委员，委员既有来自国资委、财政部、劳动部、工商联、保监会、证监会等机构的专家，也有来自高等院校和科研机构的学者，更有来自神华、中石油、五矿等大型企业集团的管理者。该技术委员会的建立，不但可以集中社会各界力量参加我国风险管理标准化工作，而且可以建立一个与国际和国外风险管理标准化组织交流的平台，从而更好地与国际接轨，使中国的风险管理标准化工作与国际最新研究成果保持同步。

目前许多政府部门和行业都开始重视风险管理，但是风险管理标准化领域却一直没有一个部门来牵头。全国风险管理标准化技术委员会成立以后，将充分发挥其平台作用，联合国内众多政府机构、科研院所、高等院校、中介机构尤其是广大企业，共同参与到中国风险管理标准化理论与实践工作中，发挥各自的优势，形成合力，共同推动中国风险管理水平的提高。

虽然目前中国风险管理标准存在很大缺口，亟须制定很多风险管理方面的标准，但是风险管理标准的制定不能“头痛医头，脚痛医脚”，应该有计划、有步骤、有目的地进行，也就是要建立并且不断完善我国的风险管理标准体系，从而系统地指导和推进中国风险管理标准化工作。

目前国内许多企业已经认识到，风险管理势必成为企业管理的核心内容。但他们对风险管理标准化的认识和理解还是远远不够的。实际上，企业在积极参与风险管理标准制定的过程中，可以将自己的需求和经验反映在标准中，一方面取得了自身在使用标准中的主动权，另一方面也提高了风险管理标准的适用性。这样，企业就能更有效地利用风险管理标准，从而提高其风险管理活动的效率。同时，这种结果又会促使企业更积极地参与风险管理标准化活动，这就形成了一个良性的循环过程。因此，要鼓励企业积极参与风险管理标准的制定，促进这种良性循环机制的形成。

虽然中国的风险管理事业起步较晚，风险管理的系统实施尚不普及，但中国在风险管理国际标准制定的起始阶段便积极介入并参与其中，在风险管理标准制定方面与先进国家站在同一起跑线上。尤其是全国风险管理标准化技术委员会成立以后，我们拥有了一个良好的信息交流和资源共享平台。因此，中国有必要、有条件使风险管理标准化研究和实践与世界先进水平保持同步，不断提高自身的能力和水平，并在时机成熟时，将研究成果反映到国际标准中，甚至提出新的国际标准提案，在风险管理标准化方面寻求国际突破。

4.3 典型风险管理标准内容对比分析

4.3.1 风险管理——原则和指导方针（ISO 31000）

自2009年发布全球第一版风险管理指南，时隔9年，国际标准组织（ISO）于2018年2月15日更新发布《风险管理指南》（ISO 31000）这一关键标准（下称指南或标准）。

新指南仍然定位于“任何组织、任何类型、全生命周期、任何活动”，强调指南在风险管理领域的普遍适用性。新标准相对老标准变化主要体现在4个方面：

（1）风险管理原则审查，这是其成功的关键标准；

（2）从组织治理入手，强调高级管理层的领导以及风险管理的整合；

（3）更加强化风险管理的迭代性质，提出在每一个流程环节，新的实践、知识和分析可以引发对流程要素、行动和控制的修正；

（4）精简内容，更加注重支撑一个开放的系统模型，以适应多样化的需求和环境。

新指南采用三轮圆形（如图4-2所示）呈现，3个圆形图分别表示风险管理的原则、框架和流程。该三轮圆形模式比第一版示意图形式（如图 4-1 所示）更能体现原则、框架和流程 3 部分之间的相互作用关系，也使指南内容的描述更清晰简洁、更易理解、更加注重和企业管理活动的融入与整合。

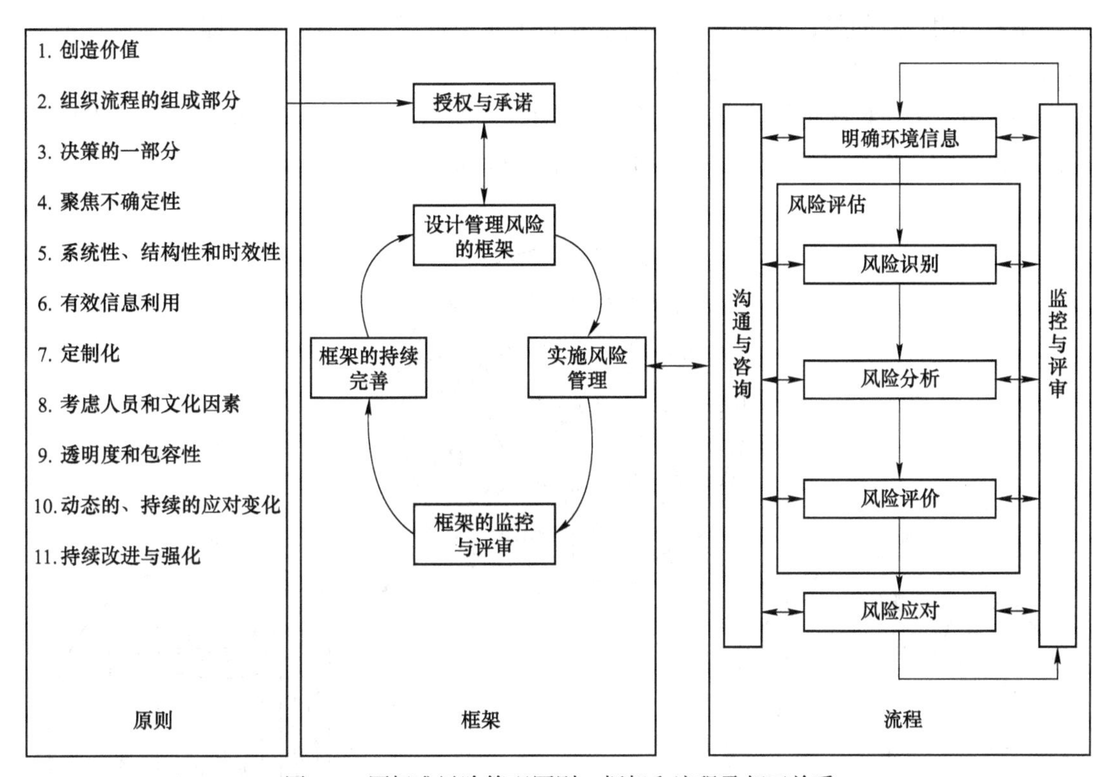

图 4-1　原标准风险管理原则、框架和流程及相互关系

新指南对每部分内容进行了较大修改。新版指南明确，风险管理原则最核心的内容为“价值创造和保护”，并在开篇就点出了风险管理工作的第一原则：与组织所有活动的整合。表明风险管理是与组织相关的所有活动的组成部分，不是一项独立于其他管理和业务活动的工作。其余 8 项原则为：

（1）整合的。风险管理是组织所有活动的组成部分。

（2）结构化和全面性。风险管理的结构化和全面性有助于获得一致和可比较的结果。

（3）定制化。风险管理框架和流程是根据组织与其目标的外部和内部背景来制定的，并与其密切相关。

（4）包容的。需要考虑利益相关方的适当和及时参与，融入他们的知识、观点和看法。这可以使相关方提高风险管理意识并智慧地管理风险。

（5）动态的。随着组织内部和外部环境的变化，风险可能会出现、变化或消失。风险管理会以适当和及时的方式预测、监控、掌握和响应这些变化和事件。

（6）最佳可用信息。风险管理的输入是基于历史和当前的信息以及未来预期。风险管理应明确考虑到与这些信息和期望相关的任何限制和不确定性。信息应及时、清晰地提供给相关的利益相关方。

(7) 人员与文化因素。人员行为和文化明显影响风险管理在不同层面和阶段的各个方面；

(8) 持续改进。通过学习和经验积累，不断提高风险管理水平。

需要说明一点的是，2009 年，中国也发布了其国家风险管理标准，即《风险管理原则与实施指南》(GB/T 24353—2009)。

2018 年，ISO 再次更新其框架，形成了如图 4-2 所示的“三轮车”框架，使标准内容的描述更简洁、更易理解、更加注重和企业管理活动的融入和整合。

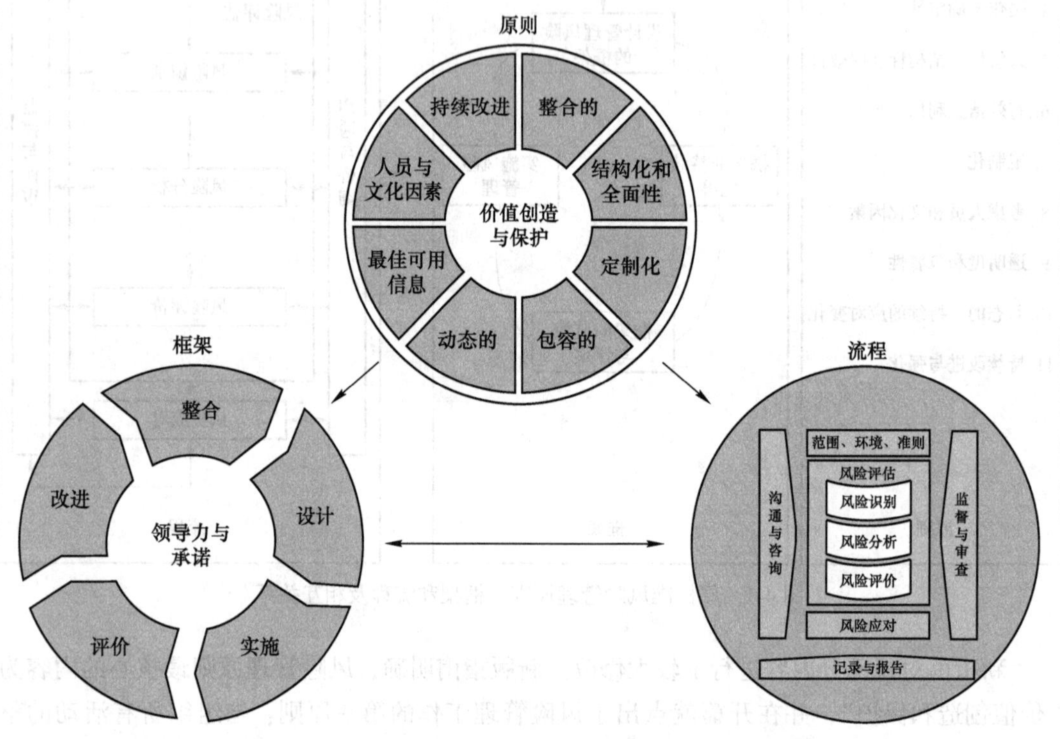

图 4-2 新标准风险管理原则、框架和流程及相互关系

关于风险管理框架部分，目的是协助组织将风险管理纳入重要的活动和职能。风险管理的有效性取决于是否将其纳入组织治理和决策中。这需要利益相关方，特别是最高管理层的支持，此次更新的框架强化了领导层的职责和整合的重要性，核心是领导力与承诺，明确高级管理层和监督机构应确保风险管理融入组织所有活动。体现为 5 个步骤：整合、设计、实施、评价、改进，并前后有序。

风险管理整合是一个动态和反复优化的过程，应该根据组织的需求和文化进行定制。风险管理应该成为组织目的、治理、领导力和承诺、战略、目标和运营的一部分。设计风险管理框架时，高级管理层和监督机构应通过政策、声明或其他形式在组织内部和向利益相关方明确表达组织的目标以及对风险管理的持续承诺，确保分配和传达有关风险管理的权限和职责，分配适当的资源，建立沟通和咨询方式以支持框架和促进风险管理的有效应用。

风险管理流程部分，强调了范围与标准，突出了记录和报告，包含（1）范围、背景和标准；（2）风险评估的经典流程——风险识别、风险分析、风险评价；（3）风险应对；（4）风险记录与报告；（5）沟通与咨询；（6）监控与审查。以上6大要素贯穿于整个风险管理过程。

该三轮圆形图提炼了整个ISO 31000风险管理指南的所有内容，指南的全文都围绕着这个三轮圆形图来展开论述。

4.3.2　风险管理——术语（ISO/IEC Guide 73）

《风险管理原则与实施指南》（GB/T 24353—2009）标准使用了以下的术语和定义。

（1）风险（risk）：不确定性对目标的影响。风险包含如下含义：

1）影响可能偏离预期——正面的和/或负面的；

2）目标可以有不同的方面（如财务、健康安全以及环境目标），并应用于不同的层次（如战略、组织整体、项目、产品和过程）；

3）风险常具有潜在事件和后果或二者结合的特征；

4）风险经常用一个事件的后果（包括情况变化）和对应的发生可能性这二者的结合来表示；

5）不确定性是缺乏或者部分缺乏对一个事件、后果或发生可能性的相关信息、了解或认识的状态。

（2）风险管理（risk management）：针对风险所采取的智慧和控制组织的协调活动。

（3）风险管理框架（risk management framework）：为设计、实施、监测、评审和持续改进整个组织的风险管理而提供基础和组织安排的一组构成。含义如下：

1）基础包括方针、目标以及对管理风险的授权与承诺；

2）组织的安排包括计划、相互关系、责任、资源、过程和活动；

3）风险管理框架被嵌入组织的所有战略、运营方针及实践中。

（4）风险管理方针（risk management policy）：一个组织在风险管理方面总的意愿和方向的陈述。

（5）风险态度（risk attitude）：组织在评估及追求、保留、承担或规避风险方面的方式和态度。

（6）风险管理计划（risk management plan）：在风险管理框架中，用于表述管理风险的方法、管理构成和资源的策划。

注：1. 管理构成一般包括程序、实施、职责分配、活动的顺序和时间安排；

2. 风险管理计划可被应用到特定产品、过程和项目、组织的部分或整体。

（7）风险所有者（risk owner）：对管理某个风险负有责任和权力的个人或实体。

（8）风险管理过程（risk management process）：将管理方针、程序和操作方法系统地应用到沟通和咨询、建立环境，以及识别、分析、评价、应对、监测和评审风险的活动中。

(9) 建立环境（establishing the context）：在管理风险和为风险管理方针设定范围及风险准则时，设定被考虑的外部和内部的参数的过程。

(10) 外部环境（external context）：组织追求实现其目标所处的外部环境。

外部环境包括：

1) 外部、社会、政治、法律、法规、金融、技术、经济、自然环境和竞争环境，无论是国际的、国内的、区域的或本地的；

2) 对组织目标有影响的关键驱动因子和趋势；

3) 与外部利益相关方的关系，以及他们的感知和价值观。

(11) 内部环境（internal context）：组织追求实现其目标所处的内部环境。

内部环境包括：

1) 治理、组织结构、角色、责任；

2) 方针、目标，以及实现它们的战略；

3) 能力，对资源和知识的理解（如资本、时间、人员、过程、系统、技术）；

4) 信息系统、信息流、决策过程（包括证实的和非正式的）；

5) 与内部利益相关方的关系，以及他们的感知和价值观；

6) 组织的文化；

7) 组织采用的标准、指南和模型，以及契约关系的形式和程度。

(12) 沟通和咨询（communication and consultation）：组织关于管理风险所实施的提供、共享、获取信息，以及与利益相关方从事对话的持续的和往复的过程。含义如下：

1) 信息与管理风险的客观存在、性质、形式、可能性、重要性、评价、可接受性、应对相关；

2) 咨询是组织与其利益相关方之间就是某一议题决策的优先级或确定某个议题的方向而进行正式沟通那个的双向过程。咨询是通过影响力而不是权力对决策产生影响的一个过程；对决策的一个输入，而不是联合决策。

(13) 利益相关方（stakeholder）：可能影响、被影响或感觉其自身可能被某一项决定或活动所影响的个人或组织。(注：决策者能够是一个利益相关方。)

(14) 风险评估（risk assessment）：风险识别、风险分析和风险评价的全过程。

(15) 风险识别（risk identification）：发现、承认和表述风险的过程。含义如下：

1) 风险是被包括对风险源、风险事件、风险原因及其潜在后果的识别；

2) 风险是被可包括历史数据、理论分析、有见识的意见、专家的意见，以及利益相关方的需求。

(16) 风险源（risk source）：对导致风险具有内在可能性的元素或元素的结合。(注：风险源可以是有形的或无形的。)

(17) 事件（event）：一组特定情况的发生或变化。含义如下：

1) 一个事件可以是一个或多个的发生，并且可以有多个原因；

2) 一个事件可以由未发生的事情组成；

3）一个事件有时被称为“不良事件”或“事故”；

4）一个没有后果的事件也可以被称为“临近过失”“不良事件”“临近伤害”或“最后通牒”。

（18）后果（consequence）：影响目标的一个事件的结果。含义如下：

1）一个事件可能导致多种后果；

2）一个后果可能是确定的或不确定的，且对目标可能有正面的或负面的影响；

3）后果能够被定性或定量表示；

4）通过连锁效应可以使最初的后果升级。

（19）可能性（likelihood）：某事发生的机会。含义如下：

1）在风险管理的专用术语中，无论如何定义、测量或以目标的、学科的、定性的、定量的确定，还是用一般词汇或数学上的描述（如概率或在给定时间阶段的频率），“可能性”一词被指定用于某事发生的机会；

2）“可能性”这一英语词汇在其他语言中没有直接对应的词汇；作为代替，经常使用“概率”一词。然而，在英语中，“概率”一词经常作为范围较窄的数学词汇。因此，在风险管理专业词汇中，使用“可能性”一词时，应注意它与许多语言中使用的“频率”一词具有相同的内涵解释，而不局限于英语中“概率”一词的意义。

（20）风险状况（risk profile）：对任何一组风险的描述。这组风风险可以包含那些与整个组织、组织的一部分或其他方面有关的风险。

（21）风险分析（risk analysis）：理解风险本性和确定风险等级的过程。含义如下：

1）风险分析为风险评价和风险应对决策提供基础；

2）风险分析包括风险估计。

（22）风险准则（risk criteria）：评价风险重要性的参照依据。含义如下：

1）风险准则基于组织的目标、外部环境和内部环境；

2）风险准则可以来自标准、法律、政策和其他要求。

（23）风险等级（level of risk）：以结果及其可能性的结合表示的一个风险或组合风险的大小或量级。

（24）风险评价（risk evaluation）：把风险分析结果与风险准则相比，已决定风险和/或其大小是否是可接受或可容忍的过程。

（25）风险应对（risk treatment）：改变风险的过程。含义如下：

1）风险应对包括：规避风险，通过决定不开始或不继续导致风险的活动；为寻求机会而承担或增大风险；消除风险源；改变可能性；改变后果；与另外一方或多方分担风险（包括合同和风险融资）；以正式的决定保留风险。

2）对有负面结果的风险应对有时被称为“风险缓释”“风险消除”“风险预防”或“风险降低”。

3）风险应对可能造成新的风险，或改变现存的风险。

（26）控制（control）：用于改变风险的措施。含义如下：

1）控制包括任何程序、政策、实践或其他改变风险的活动；

2）控制并不总是对预期或假定的修改效果产生影响。

4.4 工程项目风险管理标准

4.4.1 工程项目风险管理

工程项目往往承载了大量的固定资产，因此，提升工程项目的管理水平可以维护国家的繁荣稳定，促进国民经济的可持续增长。工程项目往往具有环境不确定性、技术复杂、参与方众多和规模大的特点，在运营或建设过程中存在大量不可预期的影响因素。针对各类工程项目风险，利用风险管理加强有效应对，为项目的顺利实施提供合理、科学的决策。风险管理主要是基于可靠的决策促进项目目标的达成，而不是为了对风险采取规避措施。

对风险管理理论的发展历史进行回溯和分析可以看出，早在20世纪初风险管理理念就已提出，但直到经济损失对美国大公司的生存发展造成严重影响，才使得风险管理在企业发展中的不可或缺性有了更深入的认识，并逐渐成为独立学科。直到20世纪80年代后期，国内才出现关于风险管理的教学和实践研究。到20世纪90年代后期才出现关于工程项目风险管理的研究。虽然起步晚，但是经过30多年的发展，取得了丰富研究成果。尉胜伟、项志芬等从项目全过程管理出发，对风险管理研究现状进行分析，提出了针对工程项目全过程的风险管理模式，可以向项目承包商和业主提供更好的风险管理策略。王要武、田雪莲等从工程项目界面管理应用的方法、各参与方界面沟通、界面风险管理、界面分类等方面对现有工程项目风险进行研究，指出研究中存在的问题，并对将来发展方向进行展望。黄敏指出变动成本风险是造成工程项目关键材料境外采购风险的主要原因，材料质量不符风险和材料滞后的到场风险是引起变动成本风险的两种可能。

工程项目风险管理是指通过风险识别、风险分析和风险评价，去认识工程项目的风险，并以此为基础合理地使用各种风险应对措施、管理方法、技术和手段对项目的风险实行有效地控制，妥善处理风险事件造成的不利后果，以最少的成本保证项目总体目标实现的管理工作。

4.4.1.1 工程项目风险管理面临的风险

（1）合同风险：签订的合同能否按时完成，相关的质量是否能达到要求。

（2）税务风险：工程项目主要包括营业税、城市建设维护税、教育费附加、印花税、个人所得税等。

（3）资金风险：项目的资金链是否能满足生产的需要，怎么能维护好资金链。

（4）成本风险：发生的成本如何在可控范围之内，怎么将成本最小化。

（5）政治风险：项目所使用的法律规范和当时的政策对成本的影响。

4.4.1.2 工程项目风险管理的特点

（1）客观性。工程项目实施过程中的自然界的各种突变，社会生活的各种矛盾都是客观存在的，不以人的意志为转移的。

（2）不确定性。指工程项目的风险活动或事件的发生及其后果都具有不确定性。

（3）可变性。工程项目的可变性主要表现在风险性质的变化、后果的变化，出现新的风险或风险因素已消除。

（4）相对性。工程项目风险主体的相对性和风险大小的相对性。

（5）阶段性。工程项目风险阶段性包括在风险阶段、风险发生阶段和造成后果阶段具有明显的时段性特点。

4.4.1.3 工程项目风险管理的风险应对术语

（1）风险回避：是指考虑到风险存在和发生的可能性，主动放弃或拒绝实施可能导致风险损失的方案。风险回避具有简单易行，全面彻底的优点，能将风险的概率降低到零，使回避风险的同时也放弃了获得收益的机会。

（2）风险降低：有两方面的含义，一是降低风险发生的概率；二是一旦风险事件发生尽量降低其损失。如项目管理者在进行项目采购时可预留部分项目保证金，如果材料出问题则可用此部分资金支付，这样就降低了自己所承担的风险。采用风险控制方法对项目管理是有利的，可使项目成功的概率大大增加。

（3）风险分散：是指增加承受风险的单位以减轻总体风险的压力，从而使项目管理者减少风险损失。如工程项目建设过程中建筑公司使用商品混凝土，混装混凝土就可以将风险分散给材料供应商。但采取这种方法的同时，也有可能将利润同时分散。

（4）风险转移：是为了避免承担风险损失，有意识地将损失转嫁给另外的单位或个人承担。通常有控制型非保险转移、财务型非保险转移和保险转移 3 种形式。控制型非保险转移，转移的是损失的法律责任，它通过合同或协议消除或减少转让人对受让人的损失责任和对第三者的损失责任。财务型非保险转移，是转让人通过合同或协议寻求外来资金补偿其损失。加入保险是通过专门机构，根据有关法律，运用大数法则签订保险合同，当风险发生时就可以获得保险公司补偿。

（5）风险自留：是项目组织者自己承担风险损失的措施。有时主动自留，有时被动自留。对于承担风险所需资金，可以通过事先建立内部意外损失基金的方法得到解决。

对于以上所述的风险管理控制方法，项目管理者可以联合使用，也可以单独使用。如对于一些大型的工程项目，往往是多种风险控制方法并用，单独使用一种控制方法反而会加大项目风险，相反对于小型工程有时用一种控制方法即可。所以风险管理者要对具体问题具体分析，不可盲目使用。

4.4.2 工程项目风险管理标准的发展和应用范围

风险管理在国外发达国家迅速发展，不少国家的大学还设立了相关的风险管理课程，并建立起对风险管理的各类协会组织。在不少西方国家，将风险管理应用于工程实践方面，尤其是一些大型能源工程中，其中主要包括最具代表性的北美北部地区极地管线项目。还应用于如英国海底隧道工程等高风险项目中，充分发挥风险规避的作用，使工程实施得以顺利完成。随着各国专门风险管理协会的不断出现，风险管理问题得到了全球广泛重视。在国内，风险管理理念引入较晚，项目管理理论体系中还未形成同步的风险管理体系。

随着国外风险管理顾问的引入，风险管理理念开始在工程项目实践中逐渐推广和应用，其中在小浪底水利工程、大亚湾核电站与三峡工程建设与京九铁路等项目中的应用，成效显著。在风险管理应用中，仍存在一些问题。通过实践分析可以看出，主要表现为：(1) 政府部门及企业家普遍存在着风险意识淡薄的情况，尤其是在资金缺乏情况下，不愿意增加风险投入，导致风险不公平转移情况较为严重；(2) 风险管理技术落后，国内风险评估制度亟待健全，管理成本直接影响风险识别能力的有效提升；(3) 风险评价因受到基础工作影响，存在较大误差，由于工作成效不足，导致风险评价中可用的历史数据缺乏。

当前，国内工程项目风险管理相关成果主要以引进为主，之后再吸收消化为自己的东西。虽然方便了经验成果的利用，但与国外差距会越来越大。只有提升创新水平，才能帮助项目经理更好地应对工程项目风险问题。可行性和科学性分析是摆在我国工程项目风险管理面前的一项重要课题。随着工程项目的增多，风险管理将被更多的学者关注，被更多的管理者应用，进而诞生一大批适合中国国情的风险管理技术和方法。

风险管理的相关程序和流程主要包括以下两种管理模式：(1) 工程项目的风险管理通常采用传统项目风险管理的流程，大体包含确定风险管理目标、风险评估、风险方案计划实施、风险防范方案决策、检查和评估反馈等流程；(2) 管理系统模式主要包括分析、辨识、控制、评估四部分。

在实际应用中研究发现，上述两种管理模式受到重视，但不同过程中风险所表现的特点有所不同。为了对风险的消极影响进行有效控制和消除，充分发挥风险管理的积极作用，需要对现行工程项目风险管理模式和理念进行改进和创新，使风险的管理水平和整体管理水平不断提高。

在风险管理的定义上，国外相关研究起步早，理论体系也更成熟，国内相关研究虽然起步晚，但学者们从不同角度对工程项目风险管理的定义更符合国内发展现状。近年来涌现出大量研究成果，在风险管理的内涵上，国内外研究成果大体相同，无论是工程项目的特点还是流程上都存在很大的相似之处：在风险管理的识别上，国内研究主要集中在集群结构模型、多维风险管理模型、WBS 分解法与博弈视角构建模型等方面，国外研究则侧重于演化规律、因子分析法、贝叶斯网络与模糊规划等精密算法等高科技手段的利用上，研究更加科学；在风险管理的评估上，国内外研究都愈发深入，国内提出了基于 BP 神经网络与模糊聚类法开展项目评估的理念，国外学者不仅提出了基于蒙特卡洛算法的评估体系，还针对具体公路项目、社会损失与项目投资等视角展开工程项目风险的评估，研究更深入，更具有可行性。

虽然国内外学者在工程项目风险管理方面展开了大量的研究，但仍需进一步探索下述问题。

(1) 工程项目风险管理的研究思路与方法往往引用其他行业或领域的经验成果，尤其表现在对金融风险管理成果的引用，这些经验成果在对应领域得到认可，但在风险管理领域仍存在很大的争议。

(2) 当前的工程项目风险评价方法存在一定的局限性，急需优化完善。依据专家经验的 AHP 法、德尔菲法和专家打分法在一定程度上受到专家心理因素的干扰，具有较强的主观性。依据大量数据和项目信息展开统计分析的有故障树和事件树等方法。之后出现的模糊评判法，综合了大量方法和模糊思想，对事件潜在的概率进行刻画，在一定程度可以降低人的偏好、选择和主观判断对结果的影响，但同时增加了经验、专业知识等主观因素的影响。

(3) 目前针对地方国有企业工程项目风险管理的专门研究较少，可以借鉴地方国有大型投资项目的全过程管理，对风险管理研究力度予以强化，能够更好地为解决地方国有企业工程项目的风险问题出力，提升国有资本投资收益。

随着环境的复杂性逐渐提升，工程项目各风险因素之间的影响增加，联系性也随之提高，风险因素之间的因果触发概率与连锁关系出现了新的不确定性。所以，将来对工程项目风险管理方面的研究趋势将逐渐转移到复杂系统和复杂性的方向上来。

4.4.3 工程项目全过程风险管理模式分析

工程项目作为比较常见的项目类型，在社会中广泛存在，而且具有特别重要的作用。和其他类型的项目相比较来讲，工程项目的施工周期比较长，对各项工艺要求较高，在项目计划与实施环节特别容易出现较大风险，为了保证工程项目全过程风险管理水平得到进一步提升，本节从业主角度来分析，详细介绍了工程项目全过程风险管理模式实施要点。

4.4.3.1 加强工程项目全过程风险管理的必要性

工程项目风险，主要指的是工程项目总体的寿命周期之内，对项目建设目标实现与最终的运营水平影响较大的试件，也是各种不确定性因素的组合。工程项目风险具有不确定性，如果出现较大的风险，会对工程项目的施工质量产生一定不利影响。通过做好工程项目全过程风险管理工作，能够减少项目风险的发生，更好地保障业主方合法权益，提升工程项目的整体效益。

此外，做好工程项目全过程风险管理工作，能够保证项目风险得到更好的消除，减少风险对工程项目所产生的消极影响。从业主角度来分析，因为工程项目的建设规模比较大，在一定程度上增加了工程项目全过程风险管理难度，为了更好地规避风险，业主单位要结合工程项目特点，制定出完善的全过程风险管理机制，从根本上降低工程项目风险的发生概率。

4.4.3.2 工程项目全过程风险特点分析

A 影响面比较大

工程项目风险的影响面特别大，一般来讲，工程项目风险所带来的影响并非局部，而是具有全局性特点。由于工程项目风险具有不确定性的特点，一旦发生，会对业主方与承包方的经济效益产生严重影响。从业主方角度来分析，如果自身的风险承受能力较弱，在工程项目风险的影响下，会造成特别大的经济损失，影响企业的良好运行。

B 客观性

工程项目风险具有客观性特点，风险发生后，会引发严重的后果，因为工程项目风险的发生，并不能够以人的意志转移，是客观存在的，在整个工程项目期间内，随时会发生风险。

C 复杂性

工程项目全过程风险具有复杂性的特点，由于工程项目的建设规模比较大，项目风险会发生较多变化，工程项目在决策、施工与竣工环节，包含较多的随机因素与模糊因素，使得工程项目风险越来越复杂，增加了风险的管控难度。

4.4.3.3 工程项目全过程风险管理模式

A 合理划分工程项目各个阶段，加大阶段风险管理力度

对于工程项目不同阶段的划分，不同单位所持观点不同，从业主方角度分析，工程项目自立项到最终的竣工环节，可以分成以下4个环节，分别是工程项目定义与决策环节、项目计划与设计环节、项目实施与控制环节、项目竣工验收环节等。在不同项目环节，项目中的风险各不相同。随着时间的推移，工程项目风险不断减少，主要是由于工程项目施工进度的不断推进，很多不确定因素越来越清晰，业主方通过加大风险管理力度，能够减少风险的发生。

工程项目全过程管理模式的有效制定，需要业主单位从以上4个环节入手，加大风险管理力度。对于业主单位的管理人员来说，要具备良好的风险识别能力、风险评估能力与管控能力。因为工程项目准备环节的不确定性因素特别多，所以，在进行工程项目风险全过程管理时，管理人员要对项目前期可能发生的风险进行严格的管控。

B 科学设置风险管理机构，提高工程项目风险管理水平

从业主方角度来分析，为了进一步提升工程项目全过程风险管理水平，管理人员需要设置专业机构，让企业中的员工能够更好地认识到加强工程项目全过程风险管理的重要性。专业的工程项目风险管理机构，在开展项目全过程风险管理工作时，要制定完善的风险管理计划，有效减少工程项目全过程风险管理不规范现象的发生。

在工程项目全过程风险管理当中，风险管理机构具有权威性与独立性特点，主要分成两个级别，分别是风险管理委员会与各级风险管理组织。风险管理委员会与各级管理组织要对工程项目全过程风险进行良好预测与辨识，经过一系列评估之后，制定出相应的风险管理制度，并对工程项目不同环节的风险管理情况进行评估，做好风险的监管与跟踪工作。

C 制定工程项目全过程风险管理计划，降低风险发生概率

工程项目全过程风险管理计划，具有一定的指导性，能够明确表述工程项目后续施工

安排，包括项目全过程风险管理要点等。

D 工程项目全过程风险管理要点

a 项目决策环节风险管理措施

在工程项目决策环节，因为业主方对工程项目具体内容掌握比较少，如果制定的风险管理对策不完善，会增加工程项目实施环节的风险发生概率。通过做好工程项目决策环节的风险管理工作，能够降低项目实施环节的风险发生率。对于业主单位来讲，要结合工程项目全过程风险管理计划内容，成立专门的风险管理组织，自工程项目的立项、可行性研究与项目决策等阶段，做好风险识别工作，针对识别出来的各项风险，经过有效分析之后，判断风险发生后可能引发的严重后果，并制定风险因素清单，有序地开展风险管理工作。

b 计划和设计环节风险管理要点

结合工程项目全过程风险管理计划得知，业主方通过成立专门的风险管理组织，针对工程项目计划与设计环节的风险进行有效管理，加强风险识别，保证工程项目计划与设计环节的风险得到良好管理。

c 项目实施环节的风险管理要点

从业主方角度来分析，在工程项目实施环节风险管理工作当中，需要将施工单位视为主体，业主方要主动与施工单位沟通，加强工程项目全过程风险管理指导力度，从工程项目实施技术、环境与设施等不同方面，做好风险识别与评价工作，并根据工程项目实施环节的风险类型，制定对针对性较强的风险管理对策。

工程项目实施环节，是项目资金投入最多的环节，若此环节的风险管理不规范，出现较多失误，会浪费大量的人力与财力，因此，业主方要加强此环节的风险管理力度，并对该环节的风险管理工作进行全方位监管与评估。

5 风险管理策略和方案

5.1 风险管理策略

风险管理策略是指导企业风险管理活动的指导方针和行动纲领，是针对企业面临的主要风险设计的一整套风险处理方案。依据风险发生的可能性和风险影响程度，风险管理策略分为避免风险、转移风险、慎重管理风险和接受管理风险4种。

5.1.1 避免风险

避免风险是指企业在风险发生的可能性较高及风险的影响性较大的情况下，采取的中止、放弃某种决策方案或调整、改变某种决策方案的风险处理方式。根据企业对待风险的态度，可分为积极地避免风险和消极地避免风险。

（1）完全拒绝承担，即通过评估后，企业直接拒绝承担某种风险；

（2）逐步试探承担，即通过评估发现，进行某项经营活动一步到位的风险太大，企业难以承担，此时采取不与风险正面冲突，分步实施的策略，则可以回避掉一部分风险，也可以使得企业有机会、有时间，待竞争力和抗风险能力增强后再进行此项经营活动；

（3）中途放弃承担，即进行某项经营活动时，由于外在环境变化等原因，使得企业中途终止承担此项风险。

5.1.1.1 风险回避策略的优势

（1）有效避免了可能遭受的风险损失；

（2）企业可以将有限的资源应用到风险效益比更佳的项目上。这样就节省了企业资源，减少了不必要的浪费。

5.1.1.2 风险回避策略的不足之处

（1）虽然企业主动放弃了对风险的承担，但同时也意味着经济收益的丧失；

（2）由于风险时时刻刻都存在，所以绝对的风险回避是不可能实现的，而且过度的回避风险也会使企业丧失驾驭风险的能力，降低企业的生存能力；

（3）虽然回避是消除风险比较有效的方法，但对于已经存在的风险，风险回避策略不适用；

（4）风险回避必须建立在准确的风险识别的基础上，而企业的判断能力是有限的，对风险的认识总会存在偏差，因而风险回避并非总是有效的。

5.1.1.3　风险避免案例

（1）一家化学品公司计划在某农村进行一项实验，该试验可能对农村生态形成巨大的威胁，于是该公司的风险经理将此项风险向保险公司投保，保险公司索要的保费大大高于该化学品公司愿意的对价，于是，该化学品公司终止原计划的试验。

（2）制药公司发现其产品有严重的副作用，该公司马上终止该药品的生产。

（3）某公寓管理公司发现大多数客房都有小孩时，可能拆除公寓附近的游泳池。

5.1.2　转移风险

转移风险是指将其自身可能遭遇的风险或损失有意识地通过正当、合法的手段，转移给其他经济单位的风险处理方式。

根据风险转移方式及风险转移程度的大小，转移风险可以分为两种形式：（1）将企业自身可能遭遇的风险及其财务负担部分转移给其他经济单位，即风险承担者由企业自身变成了包括企业在内的多个主体；（2）将风险所带来的财务责任由企业全部转移给另一承担主体，主要形式包括外包、租赁、委托、出售等。图 5-1 所示为寿险公司的保险模式与资本管理流程。

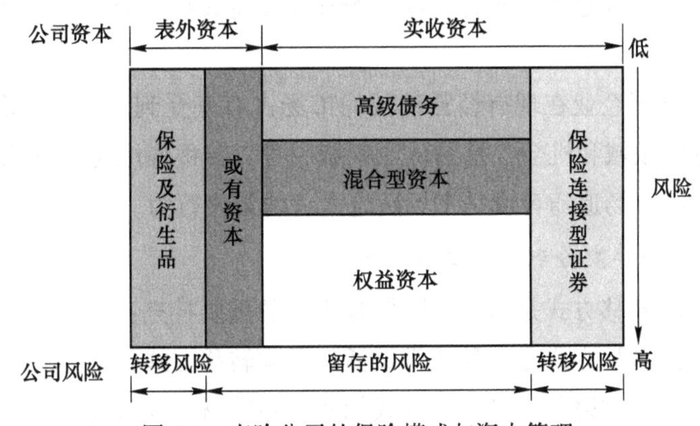

图 5-1　寿险公司的保险模式与资本管理

5.1.2.1　财务转移方式（保险转移方式）

保险是众多风险承受单位通过建立保险基金结合在一起的，共同应付事故的发生。

保险需要遵循的原则：

（1）最大诚信原则，即签订保险合同的双方应向对方提供影响对方做出签约决定的全部真实情况；

（2）经济补偿原则，指保险合同生效后，当保险标的发生保险责任范围内的损失时，通过保险赔偿使被保险企业恢复到受灾前的经济状况，但是被保险企业不能获得比保险标的发生的实际损失更多的利益；

（3）保险利益原则，即当保险责任范围内的损失原因而导致损失发生时，被保险企业必须要有自身利益上的损失；

（4）代位求偿原则，即保险公司取代被保险公司向第三方索赔的权利。

5.1.2.2 非财务转移方式

非财务转移方式是指企业将会引起损失的风险通过一系列的合同条款转移给非保险业的经济单位的方式。

（1）转移外包，即企业将其创造价值低、非核心的业务及其控制权交由外部专门厂商完成。

1）质量风险，在签订外包合同时，应对其产品质量、交货质量、服务质量等问题做出严格、有效的规定，由外包厂商承担质量问题所导致的风险；

2）技术风险，通过外包，企业能够获得拥有最先进、最前沿技术的价值链上企业的支持；

3）资金占用风险，通过外包，外部企业将帮助企业分担一部分资金占用，从而降低企业资金占用风险。

（2）租赁转移，是指通过签订合约，一方把自己的房屋、场地、运输工具、设备或者生活用品等出租给另一方使用，并收取租赁费。

（3）委托转移，即通过签订委托合同，委托企业将其财产交由受托企业委托代管，同时支付一定的费用。

（4）出售转移，即企业在现有经营领域的市场占有率受到侵蚀，获利能力大幅下降，或者是发现了更好的领域和机会，意图从原领域脱身，转移阵地时，将原经营领域或是生产线出售给该领域的市场追随者或是市场新进入者的策略行为。

5.1.2.3 风险的非财务转移方式的优点

（1）非财务风险转移方式是财务风险转移方式的重要补充；

（2）非财务风险转移方式是一种非常灵活的风险转移方式；

（3）一般情况下，非财务风险转移方式相较保险等财务风险转移方式费用要低得多；

（4）在某些情况下，将风险转移给那些能够更好实施风险控制与管理更具实力的企业那里，风险就可以更好地被处理。

5.1.2.4 风险的非财务转移方式的局限性

（1）非财务方式风险转移受到法律、合同条文的限制；

（2）违反合同以后的费用支出会较大；

（3）与保险转移方式相比，由于不存在大量的风险单位的集合来平均分摊风险损失，使得接受风险转移一方企业所面临的风险损失可能会较大而且不稳定。

5.1.2.5 风险转移案例

（1）数据显示，足球世界杯上的强国，在啤酒的消费上也是战绩显赫。在相关调查中，消费量进入前五位的国家分别是捷克、德国、美国、英国、西班牙。

（2）从五国中平均每人的年消费量看，捷克（216L）、德国（134L）、美国（118L）。其中，排名第四、第五位的英国和西班牙，也均超过100L。值得一提的是，除了美国，其他四国在该年度开始的足球小组比赛中，都初战告捷。

（3）日本在世界杯小组首战中是以失败告终。在啤酒排名上，也是被前十名拒之门外，排第12位。其中，平均每人的啤酒消费量为60L/年。

5.1.2.6 案例中的风险管理思维与决策

（1）不少国家禁止在世界杯现场销售啤酒，部分欧洲国家规定在世界杯期间酒吧要控制顾客的啤酒量，顾客酒醉造事由酒吧承担责任，甚至吊销营业执照。

（2）考虑到天气炎热和人体健康等因素，酒精含量比其他普通啤酒低了10%。

（3）德国世界杯组委会认为，只有警方有权决定球场是否应当禁止啤酒销售（德国占据世界啤酒市场销售量10%。德国有约1200家啤酒厂，生产5000~6000种啤酒）。

（4）国际足联竟然裁定，在德国世界杯12座赛场的看台上，百威啤酒将是唯一供应的啤酒。

（5）国际足联退却，同意德国著名啤酒BITBURGER与百威啤酒一道占领世界杯看台。

5.1.3 慎重管理风险

慎重管理风险是指企业有意识地接受经营管理中存在的风险，并以谨慎的态度，通过对风险进行分散、分摊及对风险损失进行控制，从而化大风险为小风险，变大损失为小损失的风险处理策略。

根据方式不同，慎重管理风险可以分为风险分散、风险分摊及备份风险单位3种形式。

5.1.3.1 风险分散

是指将企业面临的风险，划分为若干个较小而价值低的独立单位，分散在不同的空间，以减少企业将遭受的风险损失的程度。投资组合方式，可以降低机会成本并分散企业风险。

5.1.3.2 风险分摊

是指由于单个企业风险承受能力有限，则选择与多个风险承受企业承担属于某个市场的一定风险，从而降低本企业所承担的风险。最常见的形式是联合投资。

5.1.3.3 备份风险单位

是指企业再备份一份维持正常的经营活动所需资源，在原有资源因各种原因不能正常使用时，备份风险单位可以代替原有资产发挥作用。

5.1.4 接受管理风险

接受管理风险是指企业接受现今经营管理中存在的风险，并对其进行管理与控制的策略。使用该策略时，企业需要自行承担风险发生后的损失，并要求其能够获得足够的资金来置换受损的财产，满足责任要求的赔偿，维持企业的经营。

（1）接受管理风险的费用比采取其他方式的附加费用低；

（2）预测的最大可能损失比较低，而这些损失是企业在短期内能够承受的；

（3）企业具有自我保险和控制损失的优势，一般的，企业每年接受管理的风险最高额应为公司年税前收入的5%，超过这个限度就不适合采取接受管理风险策略。

按照风险管理的计划性，接受管理风险策略可分为主动接受管理和被动接受管理；按照风险接受程度，接受管理风险策略可分为全部接受风险和部分接受风险。

企业采取接受管理风险的策略，可以采取的筹资方式有：

（1）现有收入；

（2）建立意外损失准备金（非基金）；

（3）建立专项基金；

（4）从外部借入资金。

此外，还可以通过套期保值和设置专业自保公司接受管理风险。套期保值，是指企业运用金融协议，通过持有一种资产来冲销另一种资产可能带来损失的风险。设置专业自保公司，专业自保公司是由母公司设立并受母公司控制的实体，其存在的目的就是为母公司提供保险。

5.1.4.1 采用接受管理风险策略的优势

（1）成本较低；

（2）控制理赔进程；

（3）提高警惕性；

（4）有利于货币资金的运用。

5.1.4.2 采用接受管理风险策略的不利之处

（1）可能的巨额亏损；

（2）可能更高的成本费用；

（3）获得服务种类和质量的限制；

（4）可能造成员工关系紧张。

风险管理策略方式总结如图5-2所示。

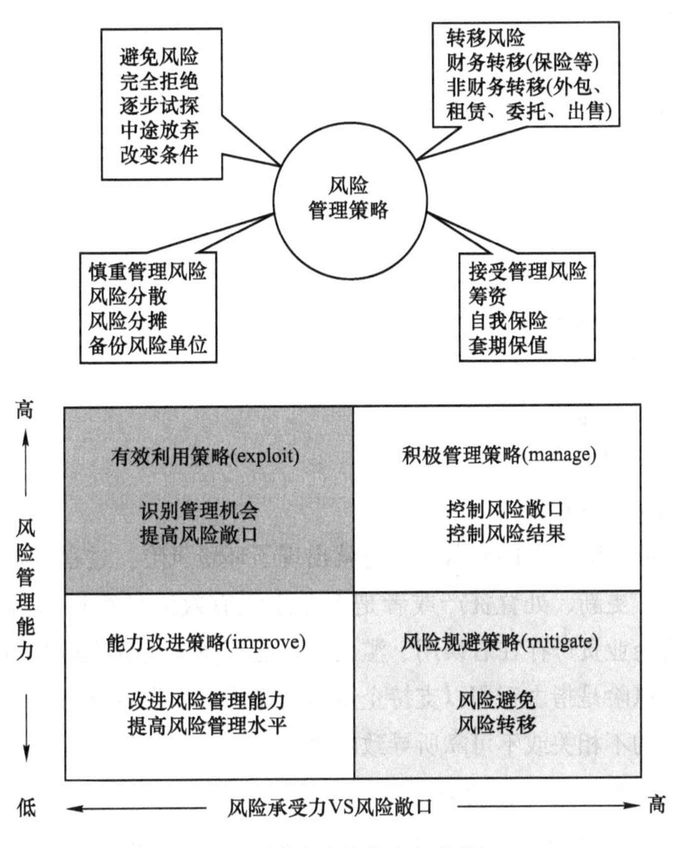

图 5-2　风险管理策略方式总结

5.2　风险管理解决方案

5.2.1　风险管理解决方案制定前提条件

5.2.1.1　确定影响解决方案制定的主要风险

A　环境风险

（1）政治风险；

（2）行业风险；

（3）监督风险；

（4）金融市场风险；

（5）竞争对手风险；

（6）客户风险；

（7）技术创新风险；

（8）灾难风险。

B 过程风险

（1）操作风险；

（2）金融风险；

（3）授权风险；

（4）信息技术风险；

（5）诚实性风险。

C 决策所需信息风险

（1）操作性信息风险；

（2）决策所需商务报告；

（3）决策所需环境风险；

（4）决策所需战略风险。

当外部力量能够影响企业的经营模式时就出现了环境风险；过程风险指由于企业未能有效地获得、管理、更新、处置资产或者是企业未能有效满足客户的需求，未能创造价值，又或者是因为企业资产存在着误用、滥用的可能而使企业价值降低等因素所导致的风险；决策所需信息风险是指由于用以支持企业经营模式、报告企业内外部经营业绩、评估企业经营所需信息的不相关或不可靠所导致的风险。

D 过程风险所包含的详细内容

（1）操作风险：因企业的业务操作不能有效地执行企业经营模式、满足客户需求或实现企业的质量/成本或时间目标时产生的风险；

（2）金融风险：在可用现金流量很充足时，或者汇率、利率以及信用等带来的风险较低时，没有以低成本进行现金流与金融风险管理；

（3）授权风险：即管理者与员工没有得到适当的领导，或其不清楚应在何时做什么，或要求其做事超出其权限等情况时所带来的风险；

（4）信息技术风险：企业信息技术出现数据与信息的完整性和可靠性不足，信息系统没有预想中的那样运作的等情况而导致的风险；

（5）诚实性风险：即由管理欺诈、雇员欺诈、非法行为与违规行为以及其他因素所导致的企业市场信誉受损的风险。

E 决策所需信息风险的详细内容

（1）操作性信息风险：包括定价风险、合同履行风险、计量风险、业务流程中的协调风险等；

（2）决策所需商务报告信息风险：包括预算与计划风险、会计信息风险、财务报告评估风险、投资评估风险、监管报告风险等；

（3）决策所需环境风险：主要包括环境监控风险；

（4）决策所需战略风险：包括经营模式风险、业务组合风险等。

5.2.1.2 考虑选择风险管理策略的因素

与管理决策有关的因素如图 5-3 所示。

（1）首先考虑在战略上规避风险；

（2）平衡风险管理收益与成本，对各类风险选择风险规避、风险控制、风险转移或风险接受等手段；

（3）设立风险准备金，并重新对产品和服务进行定价。

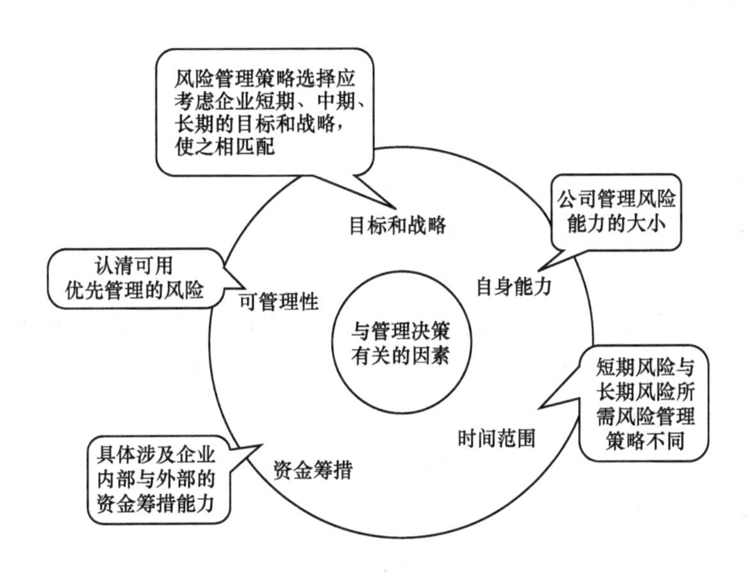

图 5-3 与管理决策有关的因素

5.2.1.3 遵循风险管理方案制定的原则

（1）可行性；

（2）全面性；

（3）匹配性；

（4）成本收益性；

（5）综合性；

（6）灵活性。

5.2.2 风险管理解决方案制定流程

（1）确定风险管理目标。

以最低成本获得最高的安全保障。

（2）涉及风险管理的解决方案见表 5-1。

表 5-1 风险管理解决方案对比

程度	可能性	
	高	低
高	避免/转移	转移/慎重管理
低	转移/接受	接受

（3）选择并执行风险管理最佳解决方案。

（4）风险管理解决方案效果评价。

5.2.3 风险管理解决方案

5.2.3.1 战略风险解决方案（以并购为例）

A 并购决策风险防范方法

（1）对目标企业进行全面的调查和研究；

（2）对并购方案进行可行性分析研究。

B 并购信息风险防范方法

防范因信息不对称为企业并购带来的风险，企业要建立完善的组织机构，制订完备的信息管理制度，加强信息的搜集与处理。此外，充分利用“外脑”。

C 并购整合风险控制方法

对并购企业的组织结构、管理体制等方面进行调整。

D 并购财务风险控制

（1）应对并购各个环节的资金需要量进行核算，并据此制订出目标企业完全融入并购企业所需的资金预算量。同时，根据企业财务状况和融资可能性，确保企业进行并购活动所需资金的有效供给。

（2）为了不影响并购效果，减少信息不对称所带来的风险损失，应谨慎对待并购过程中的资产评估问题，进行详细的成本效益分析。

（3）应全面了解、掌握目标企业的债务状况，对目标企业的业务往来账进行周密而细致的审查，并与目标企业提供的债务清单进行详细对比。

（4）采取灵活的并购方式减少并购过程中的现金支出。

5.2.3.2 财务风险解决方案

目标是以最小的成本确保企业资金运动的连续性、稳定性和效益性，即以最小的成本获得企业理财活动的最大安全保障。

A 筹资风险防范方法

（1）合理确定企业在一定时期所需资金的总额，在满足企业生存发展的同时，不造成资金的闲置；

（2）合理安排企业不同时期的收支，分散债务到期日；

(3) 制定合理的筹资策略，使筹资结构和资产结构相匹配，降低风险；

(4) 利用衍生金融工具，把企业利率或者汇率确定在企业可接受的水平，避免利率、汇率变动可能给企业带来的不利影响。

B 投资风险防范方法

(1) 债券投资风险的防范方法。首先，企业应当对证券进行深入分析；其次，应正确选择证券的种类及其组合，以分散风险；再次，应利用衍生性工具作为套期保值工具，规避企业可能面临的商品价格风险、利率风险、汇率风险等；最后，应加强对证券投资的管理，以增强企业收益，减少投资风险，保证企业理财目标的实现；

(2) 项目投资风险防范方法。首先，应分析投资环境，充分了解市场行情，确定投资规模；其次，在可能的情况下形成对规模投资，降低成本风险；再次，进行多元化投资分散风险时，一定要谨慎地选择投资的行业、业务、时机等因素，认清企业的能力，避免投资风险损失的发生。

C 资金回收风险防范方法

(1) 应收账款风险防范方法。首先，制定合理的信用政策，加强对客户的信用调查，利用可靠的手段对客户进行信用评级；其次，应加强应收账款的内部控制，把应收账款压缩在合理的限度内，并尽可能收回应收账款，减少坏账损失。

(2) 存货风险防范方法。关键在于确定合理的经济存货量和做好存货的日常管理工作。

D 收益分配风险防范方法

关键在于制定正确的收益分配政策，此政策的制定应既有利于保护所有者的合法权益，又有利于企业长期、稳定发展。

(1) 稳定增长或固定的股利方案；

(2) 固定股利支付率方案；

(3) 低股利外加额外股利方案。

5.2.3.3 竞争风险解决方案（以价格竞争为例）

在全面考虑产品成本和市场需求情况下，制定合理的产品价格以获得竞争力的策略是有效价格竞争策略。

5.2.3.4 组织风险解决方案

A “大企业”组织风险

(1) 组织结构臃肿，部门繁多；

(2) 员工缺乏工作积极性，组织内部缺乏竞争；

(3) 审批程序复杂，组织效率低下。

应进行组织创新，同时调动员工积极性。

B “家族式”企业组织风险

(1) 无法为组织扩张引进大批适当人才；

（2）家族成员之间矛盾重重；

（3）家族情结干扰组织效率；

（4）缺乏对组织其他成员的吸引力。

任人唯贤的用人机制，有效的家族企业组织管理需要有合理、有效的规章制度，加强制度的约束与激励。

防范“代理风险”的措施，建立并完善现代企业制度，制定行之有效的企业管理人员激励机制、约束机制、合理的甄选机制及业绩考核标准等。

建立良好的经理人市场，通过市场来选拔、任用、监督和激励经理人。

5.3 企业内部控制措施的制定

5.3.1 企业内部控制措施概述

5.3.1.1 企业内部控制目标

企业内部控制的目标应当与风险管理的总体目标一致，并且内部控制系统的目标应当有助于风险管理总目标的实现，是总目标的具体化。

（1）保证信息的可靠性和完整性；

（2）保证遵循政策、计划、程序、法律和法规；

（3）保护资产的安全；

（4）提高经营的经济性和有效性；

（5）保证完成制定的经营或项目的任务和目标。

5.3.1.2 企业内部控制措施制定原则

（1）合法性原则；

（2）整体性原则；

（3）相互制约性原则；

（4）一贯性原则；

（5）成本效益性原则；

（6）适用性原则。

5.3.1.3 企业内部控制措施的内容（指引）

（1）建立内控岗位授权制度；

（2）建立内控报告制度；

（3）建立内控责任制度；

（4）建立内控审计检查制度；

（5）建立内控考核评价制度；

（6）建立重大风险预警制度；

（7）建立健全以总法律顾问制度为核心的企业法律顾问制度；

（8）建立重要岗位权力制衡制度，明确规定不相容职责的分离。

5.3.2　企业内部控制措施制定流程及实施方式

5.3.2.1　企业内部控制措施制定流程

企业内部控制是一个持续的过程，即根据需要完成的任务和目标评估企业所面临的风险，再根据风险评估设计内部控制系统和内部控制措施并授权给有关人员执行，同时对内部控制设计的适当性和执行的有效性进行测试和评价，分析差异及例外事项，采取适当的改进措施。

企业内部控制措施的制定也是一个持续的、动态的过程。这个过程主要包括内部控制措施的设计、执行、评价和改进4个环节，是一个循序渐进的过程。

（1）内部控制措施设计，即制定内部控制措施。内部控制措施设计的好坏直接影响内部控制措施的执行效果，以及企业风险防范的效果。企业管理当局应根据设计任务的需要成立专门的组织进行制度设计工作。设计时应注意根据单位规模和经营特征，确定业务应采取的控制方式。

（2）内部控制措施执行，即企业各个职能部门及其管理者和员工在企业经营过程中贯彻执行已制定的各项内部控制措施，按照制度的规定进行计划、组织与协调经济活动及具体业务的过程。在这个过程中应特别注意以下几个问题。

1）内部控制措施的有效执行需要一个良好的控制环境。

2）制定贯彻执行内部控制措施的切实措施，对岗位员工进行培训，使之清楚明了自己应遵守的制度规定，提高监督意识。同时，应设置合理的奖惩制度，对好员工进行激励，对违反制度的员工严格惩罚。

（3）内部控制措施评价，即对内部控制设计和执行两个环节的恰当性和有效性进行测试和评价。评价是内部控制活动中一个承前启后的重要环节，是内部控制措施持续改进的一个重要信息反馈渠道。这要求企业重视对其内部控制系统的研究，着重对措施中的缺陷进行深入细致的分析，提出弥补缺陷以及改进的措施或备选方案。

（4）内部控制措施的持续改进。由于企业面临的风险在不同时期是不同的，或者要求其内部控制措施不是一成不变的，而应是处于不断改进中的，只有及时对措施加以改进，内部控制才能起到防御风险的作用。

5.3.2.2　企业实施内部控制措施方式

主要包括目标控制、组织设计控制、授权控制、预算控制、措施控制、责任考核控制、内部审计控制、应急措施控制8种。

A　目标控制方式

目标控制方式，即企业一个部门或单位的业务活动或风险管理活动应有不同层次的明确且合理的计划和目标，并由专人对其执行过程和结果实施监督和检查，进而进行信息反馈和调节的控制方法。在进行目标控制时，应注意：

（1）目标的实现，应有组织的高层主管积极参与，以确立整个组织对目标控制的信心；

（2）目标的实施应有周详的计划，并应特别注重对各级单位主管有关目标控制的培训；

（3）目标控制在目标实现的过程中要建立信心反馈机制。

B　组织设计控制方式

组织设计控制方式，即对企业组织机构设置、职责分工的合理性和有效性进行的控制。

（1）组织机构设置：企业应建立股东大会—董事会—管理层的法人治理结构，全资董事会成员应由内部管理董事和外部独立董事混合组成，并赋予独立董事对公司财务报告和利润分配方案、对外投资、财产处置、收购兼并等事项发表独立意见的权利。同时，为保护股东利益，确保公司各项政策、制度的贯彻执行和保证公司的合法合规经营，企业还应建立独立于董事会的监事会或主要有公司外部独立董事参加的审计委员会。

（2）职责分工：设置合理的职责分工是保证经济业务按照企业既定方针执行、提高经营效率、保护资产和增强会计数据可靠性的重要条件。其关键在于不相容职务相分离，即要求不相容职务分别由几个人担任，以便于互相监督。企业内部的不相容职务为：授权批准职务、执行业务职务、财产保管职务、会计记录职务及监督审核职务。

C　授权控制方式

在一般的公司制企业中，授权一般由股东大会授予董事会，董事会将大部分权利授予公司的总经理和高层管理人员，总经理和高层管理人员再向下层管理人员进行授权。授权控制要求各级人员在其业务处理职责权限范围内，无须请示便可直接处理业务，同时也要求明确其应予履行的职责。同时，应建立授权批准检查制度，通过必要的检查程序以确保每类经济业务授权批准的工作质量。

D　预算控制方式

从本质上说，预算控制是年度经济业务开始时根据预期的结果对全年经济业务的授权批准控制。企业全面预算既可以控制各项业务的收支，又能控制整个经济业务的处理，是企业实现既定目标的前提保证。

E　措施控制方式

措施控制方式主要包括记录报告状况和资产管理控制。

（1）记录报告状况：首先，任何管理的形式和程序都要有对管理行为负责任的授权记录，在正式说明财务成果和经营状况时，应有记录报告制度。

（2）资产管理控制：即要求企业建立健全的财产物资出、入库手续，安全保管，及时记账核对，资产清查等制度。

F　责任考核控制方式

责任考核控制方式，具体措施包括建立内控责任制度及内部考核评价制度。

G　内部审计控制方式

内部审计是由企业内部审计部门的审计师所进行的审计，其职能性质是审核和评价企业内部控制系统，包括审查和评价内部控制的设计、有效性、遵循情况是否达到目标。内部审计的本质是对内部控制执行情况的一种监督形式，即对内部控制的“再控制”。

为了充分发挥内部审计的监督评价职能，必须建立健全内部审计机构：

(1) 内部审计机构能够独立行使对内部控制系统建立与运行过程及结果进行监督的权利；

(2) 内部审计机构具备监督与评价内部控制系统相适应的权威性，可以对监督和评价过程中所遇到的有关问题或情况有一定的处置权；

(3) 内部审计机构与企业中其他机构在工作中是否相互配合、相互制约、相互促进；

(4) 内部审计机构具有效率；

(5) 内部审计机构与企业外部审计机构在监督评价企业内部控制体系方面可以协调一致。

H　应急措施控制方式

为了应对突发的风险情况，企业应配备应急措施加以应对。并建立重大风险预警制度，对重大风险进行持续不断的检测，及时发布预警信息，制定应急预案，并根据情况变化调整控制措施。

5.4　大学阶段个人风险管理策略

大学生培养成败直接关系到社会稳定与进步，所以，了解与认识大学生在校期间面临的一些风险，提高大学生风险防范意识，建立有效风险管理机制，减少甚至消除在校期间大学生存在的风险，创造一个和谐稳定、有利于大学生学习及发展的良好环境，是我们每一个高校学生工作管理者及全社会共同心愿。

5.4.1　大学阶段活动时空拆解

随着时代的变迁和社会不断的变革，各种社会风险随之而生，这也让高校大学生的自身安全受到了很大的威胁。风险一词的来源尚未有定论，德国著名社会学家乌尔里希·贝克对风险所下的定义最具影响力，他认为风险是预测和控制人类行为未来后果的现代方式，而这些后果是彻底的现代化产生的意料之外的后果。根据乌尔里希·贝克对风险下的定义，本研究认为风险实际上就是指在一定时间内及一定环境下可能发生的某种损失。那么，大学生安全风险是指高校大学生在进入社会发展的特定时间段里，遭遇其自身受伤或死亡（含自杀）、形象受到损害、个人财产受到损失等风险的集合。

风险始终贯穿于人类的生产生活中，由于受教育程度差异、所处行业差异等，造成每个人所面临的风险并不相同。大学生是社会主要群体之一，其安全风险具有一定客观性和特殊性。大学生安全风险管理就是在校园环境里，对潜在的校园安全风险利用风险识别、评价及控制等手段把风险降至较低水平的一种管理手段。即基于现代风险管理理论，在高校教育实践中，引入风险管控理念，使得大学生安全风险得以降低或转移，以最大限度保障大学生安全，减轻其面临的风险压力。

5.4.2 风险列表

5.4.2.1 健康风险

A 人身健康

（1）人身健康问题有一定概率发生在大学生活中。由于缺乏生活经验和生活经验，大学生在一些安全问题上缺乏基本常识，可能面临交通事故、火灾事故、触电事故、疾病等威胁人身健康的风险。

（2）预防方法是购买健康保险，在事故中获得保险金，减少损失；注意养成良好的生活习惯、睡眠习惯，注意锻炼，增强体质，降低疾病风险；增强安全意识，增加安全知识，学校及相关部门应加强安全教育，依法履行职责，确保学生的人身安全。

B 心理健康

（1）心理健康问题的发生是因为大多数大学生从小就受到父母的照顾。然而，当他们离开父母后第一次尝试独立生活时，他们会面临很多问题，比如适应学校的新环境、激烈的学业竞争、未来职业的选择和压力，甚至爱情的矛盾。沉重的压力容易使大学生的思想不堪重负，从而引发心理问题。

（2）预防方法是学校应注意心理安全工作，设立心理咨询室，指导学生解决心理问题，聘请专业心理专家定期心理教育；辅导员应更加关注学生现状，必要时给予一定的支持和帮助；大学生应提高心理素质，面对失败和挫折，保持乐观态度，学会在压力下调解情绪，保持积极乐观的态度。

5.4.2.2 思想风险

（1）思想风险问题的发生是因为大学阶段正处于从学校向社会的过渡阶段，所以会有很多新事物涌入。在各种不良诱惑的侵蚀下，意志力薄弱的大学生的思想可能会向不良方面发展。

（2）预防方法是提高辨别是非的能力，坚定自己的信念，树立崇高的理想，不要被眼前的享乐蒙蔽双眼。

5.4.2.3 财产风险

（1）大学生虽然没有特别贵重的财产，但也承担着一定的财产风险，如手机、笔记本电脑、钱包等。

（2）预防方法是学校应完善安全管理体系，如增加安全巡逻、校外车辆和人员加强检查、设立贵重物品临时保管办公室等；大学生也应增强财产保护意识，如贵重物品锁存放等，尽量不给小偷机会。

5.4.2.4　学业风险

（1）在大学里，大学生的主题仍然是学习，学习不能与竞争分开，奖学金选择、专业选择、研究生保送等将以学业成绩为主要基准，需要经历激烈的学术竞争，优秀学生才能脱颖而出，失败的学生将面临无法取得学位、研究生入学考试失败、没有就业机会等后果，不可避免地承担巨大的学术风险。

（2）预防方法是大学生努力学习，面对许多诱惑不断增强自我控制，确保有足够的睡眠时间；室友可以互相监督，认真准备每次考试；辅导员应密切关注学生的学习情况，及时教育学习风险较大的学生。

5.4.2.5　人际关系风险

（1）作为进入社会的过渡期，大学生每天都要与各种各样的人接触和交流，比如班上的学生、老师，甚至社会上的人。在人际交往过程中，难免会因处理不当而产生矛盾，如因生活习惯不同与室友发生冲突、成绩不理想与教师发生争执等。

（2）预防方法是不断学习经验，提高人际交往能力，尽可能多交朋友，扩大朋友圈，宽容理解他人，真诚对待他人，懂得同理心，帮助他人。

5.4.3　风险管理与控制

为了保障大学生在校期间安全，规避风险，高校必须要坚持以人为本，增强风险管理意识；加强预防及快速反应机制建设；建立健全诉求表达与谈判协商机制及建立健全群体风险管理组织体系。

5.4.3.1　以人为本，增强风险管理意识

高校要真正树立“以人为本”“想学生之所想”“急学生之所急”管理理念。在高校管理规划中切实维护与保障在校大学生利益。同时要进一步加强对广大师生尤其是学生工作管理者及学生干部、学生党员风险管理知识培训，增强大家风险管理防范意识，提高其应对风险、处理危机管理与指挥水平。高校决策层必须以身作则，积极努力构建高校全面风险管理体系，用制度保障来约束各项活动开展实施，同时保证任何个人意志不得凌驾于学校制度之上，以实现全体高校员工对风险管理共同参与及管理。

5.4.3.2　加强预防及快速反应机制建设

高校应加强风险管理预防及快速反应机制建设，完善合理预防机制，这是能够及时正确处理突发风险的重要保证。高校应该充分发挥学生优势，建立由寝室→班级→年级→学生工作办公室→学院→学校这样逐级递进的风险管理与预防体系。通过这条风险预防信息链，学校可以随时掌握学生动态，可以及时监控与预防各种不良情况发生，而且还可以在大学生群体遭遇突发风险事件时快速反应，在第一时间做出准确判断并做出合理决策，将风险降到最低。

5.4.3.3　建立健全诉求表达与谈判协商机制

现在在校大学生大多是有思想、有内涵、有个性群体，高校应该充分认识到在校大学

生的主体地位，应充分调动学校党委、团委、教务处与学生处，以及各学生社团力量，发挥学校组织上的优势，及时了解与发现大学生群体思想动态与心理倾向，建立帮助学生发表自身意见与建议、表达学生利益诉求的言论渠道，营造和谐民主的校园环境。在遇到在校大学生群体发生突发风险后，要积极努力通过谈判协商解决问题，避免矛盾激化。

5.4.3.4 建立健全群体风险管理组织体系

各高校应成立由各职能部门负责人组成的在校大学生群体预防及应对风险管理领导小组。该领导小组应作为学校常设机构之一，并设专门办公室，能够及时、快速、准确评估学校内外可能发生的一切风险，及早做出防范并制定出科学合理应对不同风险的应急预案。另外，学校应建立一支专门应对突发性事件风险管理快速反应队伍，由校学生处、团委等学生工作部门抽调人员组成，以此作为应对在校大学生各类风险事件的主要力量，直接受校预防及应对风险管理领导小组指挥，第一时间对突发事件进行处理。

5.4.3.5 建立安全风险管理的信息反馈制度

信息是万物发展的基础，也是提高和改进高校安全风险管理的基石。要想建设良好的信息网络，首先要对信息反馈的机制进行完善，在收集信息时，要做到范围广、力度大的效果，以方便找出安全风险管理的效果与预期目标的差别，从而进一步改进工作，纠正偏差。

（1）建立信息系统。为确保收集信息时的时效性和完整性，需要建设校园信息采集系统，其可以通过教师管理层，也可以利用学生会等进行收集。

（2）建立网络舆情监测管理系统。对校园网络信息，如微博、微信等，进行风险信息收集。

（3）建立风险信息分类甄别系统。对多方收集的信息进行整理分类，甄别信息真实性，建立合理的风险等级。

5.5 你自己在大学阶段的个人风险管理策略

研讨

每个个体都有独特的性格，针对你自己的特点，进行独特的个人风险管理策略。譬如从个人角度诠释如何提高风险防范意识，以及如何应对风险、处理危机与提高指挥水平。

6 典型风险管理项目实践

6.1 大型活动事故风险管理方法

目前，对大型社会活动没有统一的定义。结合我国现行的相关法规中的定义，大型社会活动是指法人或者其他组织租用、借用或者以其他形式临时占用场所、场地，面向社会公众举办的有目的、有计划、有步骤且每场次预计参加人数达到1000人以上的文艺演出、体育比赛、展览展销、招聘会、庙会、灯会等社会协调活动。

随着社会和经济的稳定发展，我国经济已由高速增长转变为高质量发展。截至2022年，全年人均国内生产总值85698元，年末全国常住人口城镇化率为65.22%。根据美国城市地理学家诺瑟姆（Ray. M. Northam）在20世纪70年代所提出的“城市化S曲线”，城市化率30%和70%为城市化“慢—快—慢”不同阶段之间的两个节点。根据该理论，我国的城市化处于快速发展阶段。城市经济、基础设施建设和各产业有了更强烈的发展需求，人们也开始将关注点转向文化生活领域，人民对美好生活和文化活动的向往越来越强烈，这共同催生了大大小小种类各异的大型群众性活动不断出现。各地举办的国际性、全国性、地区性大型活动越来越多。大型活动的举办加强了人员事业间的沟通交流，但是同时也因参与主体多、风险关联交错、系统性强、组织结构复杂、时空不可逆、管理难度大等特征，增加了风险，但是积累了经验，累积了成功案例，对于实现沟通和交流具有重要意义。近年来，我国各级政府及企事业单位陆续承办了体育、文化、经济、科技、旅游等大型活动，数量和规模都呈现迅速增长态势。大型活动举办成功与否，安全是关键。纵观大型活动安保历史，各种事故时有发生，事故原因大多直接或间接与安全管理责任有关。

在活动领域中，风险指的是特别活动或庆典没有达到预期目标的可能性。特定的场地、拥挤的人群、志愿人员和新雇的工作人员、大量设备的运输、狂欢气氛，这些都是危机潜在的地方。那些忽视风险防范管理的活动管理者将会招致危机，并缩短自己的活动管理生涯。对潜在危机进行谨慎评估并采取预防措施是风险管理的基础。

风险并不一定会造成伤害。当一个活动主办单位赢得了该活动的主办权时，原因之一就是别的公司可能会认为主办这个活动风险过高。风险是商业企业的基石，不冒风险也就不存在竞争优势，不冒风险也就不存在走钢丝和极限运动。一个活动的特别性，部分就在于它的风险性——以前无人尝试过。

6.1.1 大型活动事故风险要素分析

6.1.1.1 大型活动的定义、特点

大型社会活动是一项有目的、有计划、有步骤地组织众多人参与的社会协调与经营活动，往往耗费很多资源，包括人力、物力、财力，具有参与人数多、密度大、场所开放、情况复杂、易形成骚乱、群死群伤等特点，是一个涵盖综合经济项目和公众人文活动，并与工程技术项目有交集的概念。大型社会活动影响因素多、不确定性突出，任何的疏忽都可能造成无可挽回的损失，这些都表现了大型社会活动具有易损性的特点，其特征主要表现在以下几个方面：

（1）大型社会活动参与人数众多，并且在一定时间内高度集中，往往形成活动场地的饱和状态。如2005年日本爱知世博会，仅在前三个月，总入场人数便已超过1000万人。在这种饱和状态下一旦有矛盾摩擦，很容易激化，导致事故的发生，轻则造成大型活动秩序的混乱，重则造成人员挤压伤亡事故。

（2）大型社会活动举办周期越来越长，如杭州西湖博览会、绍兴乌篷风情旅游节历时都在一个月以上，2005年日本爱知世博会则是持续达185天之久，2006年沈阳世界园艺博览会也横跨6个月，历时184天。活动举办周期越长，活动本身所具有的风险也就越多，同时也容易使活动的安全管理人员的思想松懈和麻痹，这就增加了事故发生的可能性。

（3）大型社会活动形式多样，内容庞杂。从目的看，有营利性的，也有非营利性的公益活动等；从形式上看，有体育比赛、展览展销、庆典、游园等；即使是在同一大型活动中，也会出现融合之势或者涵盖了数个规模比较小，内容形式不同的活动。活动形式的不同，其安全管理的重点不一样，活动内容越庞杂，活动的安全管理工作的难度就越大，这都对大型活动的安全管控能力提出了更高的要求。

（4）大型社会活动投资巨大。一些节、会的开幕式、烟花燃放和文艺演出活动费用巨大，少则几十万，多则上千万。而对于像奥运会这样的国际盛会，投资更是惊人。仅以安全投资为例，2004年雅典奥运会便投入了15亿美元，动用了7万军警、数十艘战舰、数架预警机、几十架战机及导弹防御系统等。可见，如此巨大的投资，如果发生事故，就会带来重大的损失。

此外大型社会活动的特点还表现在：活动涉及的行业领域逐渐扩展；活动地域范围逐渐突破行政区划的限制；参与人员的结构和背景日趋复杂；对活动安全与气氛的要求日益“苛严”等。

大型社会活动具有在建工程项目和公共活动的双重特性，我国习惯上，把大型社会活动作为公众活动来管理，很大程度上取决于组织者的水平，也没有程序化的管理理念和管理方法进行管理，而国外的研究和现实操作上，大多把大型社会活动作为一个项目来操作和管理，运用项目管理的知识和技能对大型社会活动进行优化。从奥林匹克运动会、一级方程式汽车赛、世界杯赛事，到好莱坞群星闪耀奥斯卡颁奖晚会、皇室的盛大婚礼，都可

以运用各种项目管理的方法和手段进行优化和管理，在一定的预算和资源限制的前提下，将活动举办成功。

介于大型社会活动的特性，保证活动安全顺利进行是其最基本也是最关键的要求，因而对大型社会活动项目的安全管理是非常重要并且必要的，这是一切工作的核心和基础。

6.1.1.2 大型活动项目风险定义

在确定某项大型社会活动可接受的安全水平时需要考虑以下几个因素：(1) 该项大型社会活动本身的固有风险；(2) 该项大型社会活动的影响；(3) 经验基础上，对其适用的风险水平；(4) 系统改进的成本/效益等因素。

由安全的概念可知，做到百分百的安全率是不可能的。在大型社会活动中的大多数情况下，安全的获得是安全管理人员（或风险管理人员）在安全与风险之间进行权衡和妥协的结果。将风险控制在可接受的安全水平之内，就到达了大型社会活动所需要的安全状态。

在大型社会活动项目中，风险指的是特殊活动或庆典没有达到预期目标或安全水平的可能性。特定的场地、拥挤的人群、志愿人员和新雇的工作人员、大量设备的运输、狂欢气氛，这些都是影响大型社会活动安全潜在的地方。

对潜在危险进行谨慎评估并采取预防措施是风险管理的基础。

6.1.1.3 大型活动风险分类

目前对大型社会活动风险尚无统一的分类，主要原因是认识和需求不统一，综合其他风险的分类，大型社会活动风险可以分为 3 大类别。

A 按损失承担者分类

(1) 个人风险：活动现场内人员所面临的各种风险，包括人身伤亡、财产损失等。

(2) 家庭风险：家庭成员在活动中发生人身伤亡和财产损失的事故，因此给其他家庭成员的精神、财产以及家庭的稳定性等带来的影响。

(3) 企业风险：活动主办方（企业）因活动中发生的意外事件依法承担的赔偿责任及因此给企业的商誉带来的负面影响。

(4) 政府风险：活动主办方（政府）因活动中发生的意外事件给政府的公信力、威信力等带来的影响。

(5) 社会风险：整个社会所面临的各种风险，如环境污染等。

B 按损失标的物分类

(1) 人身风险：人员伤亡、身体或精神的损害。

(2) 财产风险：包括直接风险和间接风险，如设备、设施的损坏、企业商誉降低等造成的损失。

(3) 环境风险：对空气、水源、土地、气候和动植物等造成的影响和危害。

C 按风险的来源分类

(1) 自然风险：自然界存在的可能危及人类生命财产安全的危险因素所引发的风险。

(2) 技术风险：泛指由于科学技术进步所带来的风险。

(3) 行为风险：由于人的行为所导致的风险。

(4) 政治风险：国内外的政治行为所导致的风险。

(5) 经济风险：在经济活动中所存在的风险。

6.1.1.4 大型活动风险因素

纵观国内外大型社会活动事故发生原因，其构成基本要素为人（Man）、物（Machine）、环境（Medium）、管理（Management），即4M问题。大型活动的事故原因4M可以分解为环境因素、人为因素、设备设施因素和管理因素4个方面，其构成了大型社会活动的风险指标体系的基础。大型社会活动的风险指标体系的建立以准确反映大型社会活动的本质特征和事故预防和控制为目标，应具有可操作性、可采集性和可量化的特点，并尽可能简化。

A 环境因素

环境因素是指存在于活动场所人、物系统外的物质、经济、信息和人际的相关因素的总称。可分为自然环境、社会环境和周边环境因素。

B 人的因素

人是大型活动的主体，大型社会活动呈现大量人员在短时间内的聚集与流动的过程。人的安全意识、技能水平较低的社会现实、“异质”人群的存在等，都对大型活动安全提出了新的挑战。

C 设备设施

设备设施对大型社会活动的影响主要体现在两个方面：一是固有建筑物、公共设施的可靠性影响，导致的事故类型有建构筑物坍塌、电器火灾等；二是疏散设施的疏散能力与活动的人群容量的匹配，导致疏散受阻，表现在疏散时一些出口、狭窄过道等瓶颈部位人群密度猛增，引发人群踩踏事件。

D 管理因素

大型活动的管理措施主要衡量方面为安全管理机构、安全人员专业素质、预测预警水平、应急方案及应急能力等。

6.1.2 大型活动事故风险管理程序和内容

风险可表述为一个系统、场所或活动过程中具有发生事故潜在能力的特性。大型社会活动风险管理的目的是评估举办大型社会活动发生事故的风险水平，对风险进行定性和定量化，并为进一步确定风险控制措施提供依据。

根据系统工程学和风险管理理论，大型社会活动风险评价的一般程序可以分为风险辨识、风险评价和风险控制3个步骤，如图6-1所示。

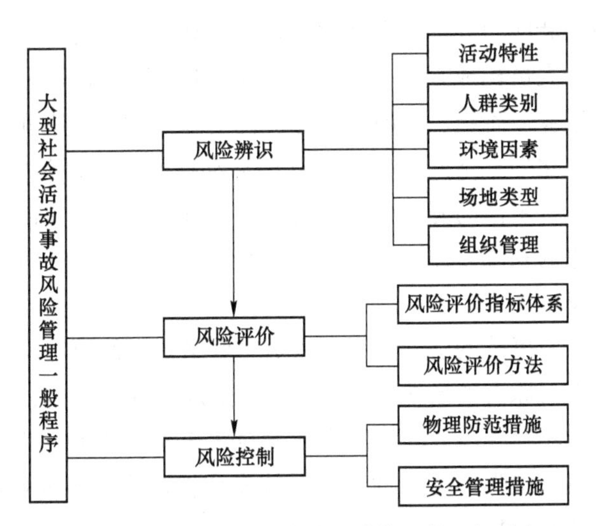

图 6-1 大型社会活动事故风险管理的一般程序

6.1.2.1 大型活动事故风险分析

A 事故风险辨识

统计大型社会活动事故案例，分析事故原因，笔者从活动特性、人群类别、环境因素场地类型、组织管理 5 个方面辨识大型社会活动存在的风险。

a 活动特性风险

大型社会活动自身特性包括活动的类型、规模、时间、地点，周期、性质等。

（1）大型社会活动类型不同，所面临的风险具有较大差别。例如，竞技性活动往往具有较强的对抗性，现场气氛、群体的责任感等可能引起观众的不安全行为，导致观众情绪和行为失控，发生骚乱事件。而音乐会等高雅的社会活动的煽动性低，对观众的情绪波动影响较小，相对于竞技性的活动，人群骚乱事件发生的概率低。

（2）活动规模涉及资金投入、参与人员、媒体覆盖面等。活动的规模对包括安全工作在内的各项工作有着重要的影响，规模越大，不确定的安全影响因素越多，承受的风险越高。

（3）活动的时间、地点影响参与人员数量，场地的地理位置也是大型社会活动的安全影响因素。

（4）活动举办周期越长，对场地的性能、主办方的组织能力和安全管控能力及各职能部门的协调配合能力的要求越高，暴露出的安全影响因素越多。

（5）活动性质决定活动的社会影响、受大众的关注程度、参加活动人群的影响力等，直接影响观众参与的积极性和现场的情绪，并且活动的性质不同，主办方和各职能部门的重视程度也不同。

b 人群类别风险

大型社会活动事故风险控制工作的重要目标是保障人的安全。活动的参与人员、活动的组织人员、负责场地和秩序维护的安保人员和指挥整个活动的决策人员的安全意识，心理素质、情绪及决策判断能力等都是保障大型社会活动安全运行的重要因素。

大型社会活动参与人员构成复杂，对风险的认知、防护知识及能力有很大不同，此外，活动参与者存在职业、阶级、兴趣，爱好、性格和气质、健康和疲劳状况、心理素质等差异，群体习惯和文化理念不同，在大型社会活动期间可能遇到的安全问题不尽一致。高风险人群的比重及人群主体的复杂性也使得个体与群体之间存在诸多潜在矛盾，导致了大型社会活动事故隐患的来源多样性，同时个体对风险的反应特征也呈现多样性，这些因素致使可能的事故隐患增多。

人员过多往往是引发事故的诱导因素。人员密度增加可使原本能正常运行的设备、场地不能正常工作，甚至对原有的场地、秩序、设备造成破坏。同时，也使得任何微小的不安全因素，甚至是原本不存在事故隐患的方面危险性增大，进而引发事故。

一些活动的人群具有很强的运动性，对系统安全性产生动态的影响，人流突然转向、由低速流向高速流变化造成集群中出现异向流、异质流，导致拥挤踩踏事故。

尽管大型社会活动事故的成因是多方面的，但大都与人的因素有关。人的行为因素在活动进行过程中最为关键，而且改善的余地很大，对活动的组织人员、管控人员、活动参与人员等方面的人为因素致灾规律进行分析，目的是更好地了解人怎样才能最安全，最有效地与技术相结合，预警、预测、控制和引导人的行为，并融入培训、管理政策或操作程序中，有效减少人为失误或差错。

c　环境因素风险

大型社会活动的举办势必受到自然环境的影响，活动场地不是孤立的，和周边环境相互作用，另外，大型社会活动的举办要考虑社会环境对它的影响。

自然灾害是原发事故灾害，其危害除了自身造成的灾害外，最主要的是引发的次生灾害，例如：恶劣天气引发的人群挤踏灾害等。自然灾害虽然发生概率很小，但一旦发生，影响后果严重，并且影响范围比较广泛。

周边环境指活动场所周边的交通环境（如周边的交通流量、交通枢纽设置等）、周边人员密集场所、周边存在的工业危险源等。随着大型社会活动形式日趋多样化，包括指示牌、灯光照明、精确的疏散道路显示器和实时的道路状况告示系统等在内的周边环境因素与其他风险因素相互作用，同样会导致大型社会活动事故的发生。

国家政策法规、市场竞争环境、经济发展水平，社会状况等因素与大型社会活动事故的发生率都具有一定的相关性。例如：活动场地所在地区举办外交、军事、宗教等重大活动，会对活动的安全性造成影响。

d　场地类型风险

大型社会活动举办场地及搭建物和有关设备是活动进行的载体，它们与参与人员一起构成大型社会活动安全运营的主体。活动场地的安全水平直接影响到大型社会活动安全、顺利地举行。

场地包括固有的和临建的设备设施与建筑物，场地规划布局的安全水平和应急资源配备的有效性是大型社会活动事故预防与控制的基本要求，对减缓事故的影响程度发挥极大的作用。据统计分析半数以上的大型社会活动的场地设计和搭建物质量存在安全问题，其中消防门、消防栓等消防设施被遮挡的占20%；活动现场安全通道宽度不符合要求、安全出口标识不清的占40%；活动前未进行电检，灯具、电气线路安装不合规范的占25%；其他问题，例如：现场特种装备未进行安全评估、场地舞台高度超过规定的占15%。

e　组织管理风险

管理和控制的失调，是导致大型社会活动事故发生的主要原因之一。

大部分事故影响因素完全依靠技术控制，既不经济也不现实，只有从组织管理角度对人群、场地和环境中重要的事故影响因素进行控制，提高对大型社会活动的人群、设备设施运行，活动组织，相关方、突发事件和事故隐患等方面的管理水平，才能对事故进行有效的预防和控制。活动场地的组织管理包括场地管理、人群管理、监控管理和应急管理等。

B　事故成因机理分析

在现实中，组织管理和环境因素风险的相互影响，往往直接作用于人群、场地和设备，在某种程度上就会导致大型社会活动事故发生，其成因模式如图6-2所示。

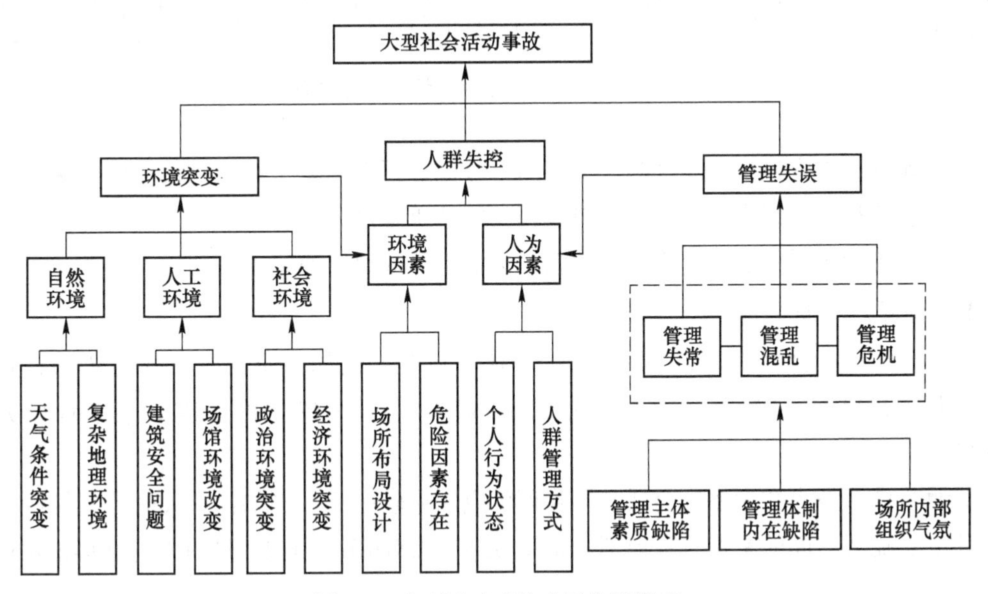

图6-2　大型活动事故成因分析模型

从管理与环境风险因素的成因模式可以看出，管理主体素质缺陷、管理体系内在缺陷及活动场所内部组织气氛会造成安全管理混乱，破坏人与人的关系或人与环境的平衡关系，造成安全管理失误。人为的安全管理失误的后果与突变的环境因素相互作用，致使活动场地内人群混乱，进而导致大型社会活动事故的发生。大型社会活动安全管理和场地环境要素的作用方式与作用过程及它们之间的关系，常常决定大型社会活动事故的发生时间、强度及破坏程度。对大型社会活动事故成因机理进行系统化的背景揭示与过程分析，是揭示大型社会活动事故发生规律和进行风险评价与风险控制的前提。

6.1.2.2 大型活动事故风险评价

A 风险评价内容及指标体系

风险评价是在风险辨识的基础上对大型社会活动可能遇到的每种风险进行定性或定量的分析，并根据风险对活动目标的影响程度对风险由大到小分级排序的过程。

根据系统工程理论，考虑大型社会活动的固有风险和风险减缓因子，从活动特性、人群类别、环境因素、场地类型、组织管理5个方面进内在特点及相互关系的基础上，选取了15个评价指标，如图6-3所示。

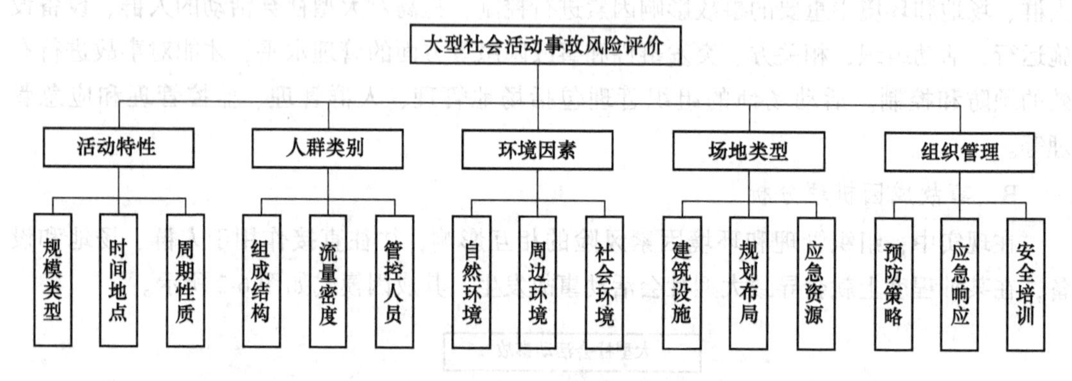

图6-3 大型活动事故风险评价指标体系

风险评价的内容包括可能性和严重性两个方面。可能性是指经识别的风险将会发生的概率；严重性是指经识别的风险发生造成损失的严重程度。

该评价指标体系的建立，为评价大型社会活动事故风险奠定了基础。

B 计算与评价方法

适用于大型社会活动安全风险评价的方法有许多，例如：安全检查表（SCL），预先危险分析（PHA）、故障类型及影响分析（FMEA）、事故树分析（FTA）、事件树分析（ETA）等。

计算机模拟技术在大型社会活动风险评价应用也较广泛，例如：火灾时公共场所建筑物可用安全疏散时间的蒙特卡罗模拟；采用BuikingEXODUS模拟软件对人群聚集过程进行分析。

基于大型社会活动的特点，应用层次分析法（AHP）和模糊数学方法建立综合评价模型，可以全面考虑影响大型社会活动安全的各种因素，将定性和定量的分析有机地结合起来，既能够充分体现评价因素和评价过程的模糊性，又尽量减少个人主观臆断所带来的弊端，比一般的评比打分等方法更符合客观实际。

C 大型活动事故风险控制

a 风险控制层次和范围

大型社会活动的两大风险是场内和场外发生一些不良事件的风险及不良事件所带来的负面宣传效应的风险。往往公众影响力越大的社会活动，其安全保障的范围也就越大，远不限于活动本身的场地出现的风险事故，例如：奥运会期间，在举办地城市甚至国家，所发生的风险事故，都会作为奥运会失败的范例广为流传，尤其是当今通信和网络高度发达的社会。因此，大型社会活动风险管理的工作不仅仅是在活动场地内预防事故的发生，范围扩展到以大型社会活动举办场地为中心的更广大的辐射区域，一旦发生危机或事故，及时遏制它的次生效应。

b　风险控制措施

大型社会活动事故风险控制的措施包括物理防范措施和安全管理措施两方面。

（1）物理防范措施相当于硬件部分，安全管理措施相当于软件部分。物理防范措施指涉及建筑物、装置、地面设计、场地布局及为防止活动安全运营的电力、通信、监控等辅助支持设施。关键辅助设施的失控可以直接导致事故，而处于事故状态时支持系统的保障作用又可以抑制或减缓事故后果的扩大。

（2）安全管理措施包括建立安全管理机构和规章制度等预防策略、事故的应急响应系统的建立及必要的安全管理人员辨识异常情况、采取应急措施、树立安全意识的培训教育工作。同时，可通过宣传来预防事故、现场检查与巡视和针对大型社会活动利益相关者的安全保障措施等来进行风险控制。

6.1.3　人群聚集场所事故风险定性评价

6.1.3.1　人群聚集场所风险辨识

大型活动场所发生事故的类型主要有人群拥挤类事故、建筑物类事故、管理类事故、火灾类事故、爆炸类事故、中毒类事故等，通过对大型活动场所的分类、风险特性的分析及事故多发类型的统计，主要对以下 4 类风险加以辨识。

A　人群聚集风险辨识

大多数公共场所人群聚集程度高，人员情况复杂，这样高密度复杂人群本身就存在着人群拥挤、踩踏等人群聚集风险。一旦在这样有限的空间内发生拥挤踩踏事故，后果将会非常严重。人群拥挤踩踏事故风险主要存在三个特征：一是人群恐慌特征；二是恐慌人群在疏散或逃跑过程特征描述；三是恐怖人群在特定狭窄区域表现出的特殊现象。

人群聚集风险主要表现在以下方面：

（1）人群活动风险。人群活动风险可分为由于人的行为导致的火灾、爆炸（包括恐怖活动）、人群惊慌、人群过度拥挤、毒气泄漏（投毒）和暴力等类型。

（2）人群对事故严重性的影响。人群对事故严重性起扩大作用的影响因子有心理因子、行为因子和理智因子，这些因子对人群安全有着不同程度的影响。

人群对事故严重性影响因素涉及人群的年龄、性别、生理、心理、教育水平等，还包括人群在危险状态下的自救意识，在拥挤情况下的纪律性，对管理人员的服从等。

大型活动场所人群聚集主要风险的辨识归纳如表 6-1 和表 6-2。

表 6-1 人群行为活动风险辨识

进入活动场所	入口排队拥挤	卖票时有插队和过度拥挤现象
	入口暴力事件	个别人引发暴力事件
	恐怖活动	对社会不满报复社会
在活动场所内	火灾风险	可燃物多，违反规定的操作，蓄意放火等
	爆炸风险	携带易爆物品、场所内存放易爆物品、恐怖活动等
	毒气泄露	基础设施失效、恐怖袭击等
	人群过度拥挤风险	人员情况复杂，触发因素众多
	暴力风险	故意闹事者、酗酒者等与陌生人发生暴力行为
离开活动场所	人们企图比正常情况更快地离开活动场所	
	人群中有些人开始推动，身体之间发生相互作用	
	不合作运动移动，在特殊的地方不合作的运动	
	在出口处可观察到人群形成拱形和拥挤现象	
	出现堵塞现象	
	人群中有人绊倒或受伤的人起障碍物作用	
	出现朝一个方向大量运动的趋势，有跟随别人的现象	
	可供选择的出口经常被遗忘或者在逃脱情况下不能有效使用等	

表 6-2 人群对事故严重性风险因素辨识

心理因子	意识	事故发生时能否做出正确的判断
	性格	影响个人的行为
	人群惊慌	人群惊慌影响人的知觉、思考问题做出判断的能力
	人群聚集行为因子的影响	人群聚集影响个人速度和人群流量
行为因子	人群互助行为	老年人、小孩儿、体弱多病者成了需要照顾的对象
	运动对人群安全的影响	人群的反向运动
		期望速度对人群疏散的影响
理智因子	挫折、郁闷等情绪	急躁
		迷失方向
		行为判断的失误
		与人发生暴力

B 建筑物类事故风险辨识

大型活动场所存在着比较明显的建筑风险。首先建筑物的墙体、构件、内部装修的燃烧物质的性质、室内火灾载荷等，对其控火能力都有重要影响。建筑材料的燃烧性能直接影响到建筑物的火灾危险性大小。即使是同等建筑结构的公共场所，由于各公共场所的年限、高度、面积不同，其在抗灾性能上也有所差别。目前，一些公共场所，如娱乐场所和会议室，装修多采用木头、塑料以及泡沫等易燃材料，这些材料在发生火灾时极易蔓延，酿成更大的损失。根据传热学，墙壁的导热状况对火灾危险性有一定影响。

大型活动场所具体位置及环境不同，危险程度也有所不同。繁华商业区的公共场所，由于建筑间距较小甚至相连，发生事故时容易形成“连锁反应”，这种情况下，各个建筑物之间的火灾危险性关联度比较大。对其评价时应适当考虑周围建筑的火灾危险性。

大型活动场所的空间特性也与人群的拥挤踩踏事故有关，公共场所大量的人群聚集，某些小事故可能由于建筑物或场所的不合理设计而被放大了，或者由于在设计时没有考虑到人群拥挤时的过载，以至于造成了严重的事故。这种类型的事故主要分为3种情况：(1) 建筑物或场所结构的破坏，如看台倒塌等原因造成人员伤亡，这种情况是受害人员所无法预见和躲避的；(2) 建设物的不合理设计，这种情况多发生在人群集中场所的进出口楼梯上；(3) 发生突发事件，人群疏散困难，造成大量伤亡。

大型活动场所本身的风险由设计风险、布局风险和装修设备风险3部分组成。建筑物的风险主要来源于活动场所的选址和布局、活动场所内建筑物及其附属物的建筑质量、建筑物结构的设计（包括疏散通道、出入口等）、建筑装潢材料的安全性、危险品的存放、建筑物内设施的安全情况等。

C 火灾类风险辨识

合理的防火结构与布局，防火、防烟分区，以及通风空调系统采用良好的防火设计，能够在火灾发生的初期阶段截断其蔓延，将火灾控制在一定范围内。现在建筑空间多采用性能化优化设计。一旦初期火灾未得到有效控制，马上就会发展成熊熊大火，很难扑救。所以，首先必须防止火灾发生，即使发生，也要控制在初期阶段。特别是对公共场所这样的特殊场所，要充分利用火灾自动报警系统、自动喷水灭火系统和防排烟系统将火灾控制在初期阶段，直至扑灭。

消防设备的数量及其运用的熟练程度对活动场所火灾危险性有直接影响。而且，各活动场所距消防队的远近不同、地区间消防队的人员数量差异、消防技术差异等对火灾能否第一时间得到控制有很大影响。此外，消防电梯配备是否合理、消防设施应急电源能否正常工作、灭火器的数量是否充足、人员能否正确熟练操作、建筑物有无性能化防火分析与设计、各种消防设施能否得到正常维护、有无专业人员对其进行管理，这些都会影响到活动场所的火灾危险性，只有全面考虑到各种因素，才能对其火灾危险性做出正确、合理的评价。

此外，建筑物内的空间结构、建筑材料、人群密度、装潢材料等因素也对火灾的风险有一定的影响作用。

D 管理类风险因素

大型活动场所安全管理风险也比较突出。许多事故的发生是由于管理不善造成的。例如火灾、爆炸、毒气泄露、恐怖袭击等恶性事故造成的严重后果都可能和公共场所的管理有关。同时，事故发生时，人员的疏散、应急救援的组织与实施等，也要靠安全管理来实现，因此好的管理能降低事故发生的概率，减少事故造成的损失。

大型活动安全管理不善有以下情况：领导或者活动的组织者不重视安全、组织安全管理的人不得力（或者不到位）、管理技术落后、执行安全管理的人的意识不强、分工不清导致责任不落实等。

合理限制活动场所建筑物内单位时间的人流量，人的良好安全意识与安全行为、人的身体状况与逃生技能，是减少火灾和拥挤踩踏事故发生后人员伤亡程度的主要途径。对于活动场所要加强人群疏导、管理、制定合理的应急计划。

考虑到大型活动重点场所特性和突发事件的种类，在对以上方面进行辨识的基础上，对大型活动场所人群聚集风险进行评价。

6.1.3.2 人群聚集场所事故风险定性评价步骤

不同大型活动场所的设计、人群的类型和实际情况有很大的变化，因此需要判断评价方法的内容与所评价场所的具体环境间的差别。大型活动事故风险定性评价仅对大型活动场所中人群聚集的安全进行评估。评价可以由单个评价者单独开展或是由一个评价小组完成。一般来说，由评价小组完成效果更佳，其组成人员包括：工作人员、业主的代表、设计单位代表及根据需要确定的单位内部或外单位的其他人员。

针对大型活动场所人群聚集的安全性进行评价，它的原理与一般的职业健康评价、企业安全评价基本相同，即应当考虑到聚集场所会产生哪些问题，产生的原因是什么，什么人容易受到伤害及他们是怎样受伤的，预防措施如何、是否完善，如果不够还需要采取哪些进一步的措施等。表 6-3 是评价方法的简易流程，共有七步。

表 6-3 大型活动场所事故风险评价流程

步骤	评价阶段	主 要 内 容
1	风险辨识	收集与评价有关的信息
		将评价场所划分为更容易操作的区域
		识别正常运作下的人群聚集风险
		正常情况下可能发生的混乱及其危险识别
2	风险因素分析	原因识别
		事故后果分析
		可能受到伤害人群识别
3	预防措施确认	检查已有的预防措施，确认其有效性
		明确现有预防措施是否足够
4	风险评价	评价事故发生可能性
		评价事故后果严重性
		确定风险水平
5	风险控制措施确定	确定下一步风险减缓措施
		选择最佳风险控制措施
		风险控制措施的施行
6	评价结果记录	记录评价结果
		保存评价报告
7	评价结果复查与修正	定时复查评价结果并记录
		评价内容修正与更新

具体评价时可以是对每类事故按第一至第五步的顺序进行，也可以是对所有的事故统一进行第一步工作，然后是第二、第三步，这两种方法同等有效。

具有相似特征的同类场所（如运动场）可以采用类似的，能反映其主要的风险和危险的评价模型。评价模型应基本符合大型活动场所业主的管理理念和场所自身的特点。

6.1.3.3 人群聚集场所事故风险定性评价内容

A 风险识别

这一步的目的是系统地识别出大型活动场所中可能存在的重大风险因素，主要工作包括以下几部分。

a 收集与评价有关的信息

通过大型活动场所的运作特点、运作规律，能够有效地发现其潜在的危险，并根据实际情况预测场所中可能发生的事故。对于较大的活动场所，评价前需要召开讨论会，应与有经验的人员交换意见，系统地了解活动场所的各个部分。

可以通过对场所进行实地考察，观察人群特征，收集场所装备的安全性状；可以根据过去的事故记录、电视录像、一线工作人员的记录、安全审计报告、会议记录等资料中发现事故风险的信息和基础资料。

b 将活动场所划分成更容易操作的区域

对大型活动场所进行整体评价是很困难的。可以先将场所进行划分，然后再按照一定的顺序逐个进行评价。划分的时候可以按照功能进行区划，也可以按照已有的系统组成来区分场所的不同部分。

c 识别正常运作情况下的人群聚集风险

人群聚集风险通常由场所的设计、场所中人的行为、人群管理方式、存在危险物或危险因素等因素所导致。应当从上述几个方面考虑，找寻容易发生危险的环节。

表 6-4 给出了一套帮助进行风险识别的关键词。它概括了由于上述因素而可能产生的危险类型，可用于指导实际工作。

表 6-4 风险识别关键词

人群聚集风险识别关键词	
关键拥挤、堵塞	撞向某物体
人群运动的障碍	被物体击中或撞击
交叉流	人群被困
人群快速地运动或奔跑	坍塌
推挤/涌进	违章
在静止人群内部强有力地运动	危险行为
绊倒、滑倒或跌倒	攻击性行为或混乱
坠落	危险物质或危险因素

为了系统地识别风险，需要对各个区域进行仔细研究，并检验其中的每一部分，尤其

是关键场所，包括布局、人群聚集地点、通道、入口、出口、楼梯、电梯、栅栏、扶手及其他各种设施。

在实际操作中，需要考虑到下面5个问题：

（1）活动场所的每种特征都会产生怎样的危险？

（2）活动场所中有些什么人，他们会做什么，他们的行为会产生什么样的后果？

（3）在人群管理方面有什么缺点？会有什么后果？（如存在规则和责任不明确、指挥和信息传达发生错误、与其他部门之间缺乏合作和协调、没有对人群进行充分的监控、工作人员素质低、没有对工作人员进行严格的挑选和培训等。）

（4）场所及周围地区是否存在危险物或危险因素？

（5）场所中不同区域之间有什么关系？（如交界处可能会有危险）

d　使用“危险关键词”的一些说明

关键词只能起到提示作用，它们可以使危险辨识过程结构化。但这里给出的关键词并不全面，应该根据实际情况进行补充，也可以从中删去无关的词。

e　危险物或危险因素

可能会给公共场合带来危险的物质或因素有：

（1）对健康有害的物质，如有毒的物质，有腐蚀性或刺激性的物质，有长期效应或滞后效应的物质，生物试剂等；

（2）机械，如电梯、十字转门、售票机等；

（3）电器设备、电缆、发电机等；

（4）娱乐场所中燃放的鞭炮，特殊效果（如激光器）等；

（5）明火（食品店内）、热源等；

（6）可以移动的物体（如机动车，手推车等）。

当确定存在危险物或危险因素时，要弄清楚它出现的位置、时间、形式。要将处置和管理这些物质时可能发生的人为原因考虑进去，同时要注意人群的行为。厂家的说明书、数据表及事故记录都可以帮助识别危险物质及其带来的风险。

f　正常秩序下可能发生的混乱及其危险识别

这一步的目的是搞清楚什么事件会使正常的秩序发生混乱，结果会造成什么样的新的风险。大的混乱（比如火灾）需要彻底改变活动场所的运作模式（如从正常的活动变为疏散）从而引入新的危险，即使是一个小变故也会加剧风险。

如果是小的变化，它造成的后果偏差较小，这样的危险也相对容易识别出来。每一种情况下都要考虑其对场所的运作、人群运动，人的行为及对所用物质和因素的影响，然后再确定可能导致的后果。

一个详尽的评估必须包括发生重大混乱情况，此时，场所的运作要求确保安全与正常运作两种情况相比差别很大。评价步骤与上述相同。

B　风险因素分析

原因辨识、后果和受伤人群这一步的目的是查明识别出来风险的产生原因，它们将产生什么危险及什么人会受到危害。知道了风险产生的原因，可以在后面的评估过程中帮助人们对这种风险产生重视，避免危害的产生；后果辨识和易受伤害人员的确定有助于人们采取措施保护自己，也有利于风险评价。

a 原因辨识

原因分为直接原因和间接原因。在进行第一步时，会发现一些直接原因。在辨识间接原因时，需要强调：任何危险都是多种原因综合造成的。造成危险的原因可以分为以下几类：场地的设计、场所内人员行为和活动、人群管理、存在的危险物或危险因素等。有的原因并不是显而易见的。比如拥挤可以是因为障碍物阻挡人流造成的，也可以是空间狭窄造成的（设计原因），或者是由于有许多人的围观等待（行为因素），一个地方聚集的人过多（管理因素）也可以造成拥挤。此外，场地外发生的事件也会产生拥挤，如球赛结束会使体育场前广场处发生拥挤。如果问题是由人引起的，首先应当弄清楚人们为什么要那样做。而不是简单地将原因归结到人身上；如果危险是由管理不善造成的，则应考虑除了直接原因外的其他原因，从更广泛的角度去剖析，如政策、安全文化等，力求做到全面。

b 识别后果和受到伤害的人

分析人们是怎样被伤害的，会有多少人（危害波及的是单个人还是附近更多人），是不是会导致所有人都受伤。弱势群体（包括残疾人、小孩和老人）更容易受害，也更容易受到重伤。大型活动风险因素分析见表6-5。

表6-5 风险因素分析示例

危 险	原 因	后果和受害人
楼梯上部拥挤	有人在楼梯顶端放慢速度	人们阻挡，摔倒或踩伤
		小孩、老人尤其容易受伤
人可能在楼梯上绊倒	年轻人想加快速度	人们受到推挤，摔倒或被踩伤
	光线不好	
下午或晚上，人们停下来打车可能阻挡人流	出租车排列的位置	造成拥挤和轻微的挤压
一部分人被从行人道上挤到旁边的车道上，容易被汽车撞到	盆栽植物阻碍人流	人们被车辆撞倒
	高峰时期，行人太多超过了道路的容纳能力	
有人从柱子上摔下来	特别是儿童和十几岁的孩子，喜欢爬柱子，喜欢站在上面	摔伤，通常是扭伤踝关节
		主要是儿童和十几岁的孩子
厕所外等待的人影响人流行进	人们在等待厕所的位置	加剧了堵塞
厕所附近有交叉人流	有人横穿人群上厕所	严重拥挤，或轻微的拥挤
	许多人开始没看见厕所，走了过去后又折回来，然后再继续前进	坐轮椅的人，推婴儿的，带有大批物品的人
售票处的排队超出了界线，阻碍行人	售票口太少	严重拥挤，推挤现象
	只有很少的人预先买票	
	没有很好地控制排队	

续表 6-5

危　险	原　因	后果和受害人
前厅自动出售热食品的地方挤满了人	区域内有过度拥挤和交叉人流	严重烧伤
	有人试图通过人群前行，或者青少年之间相互推搡	刚会走路的小孩和儿童易受伤（因为他们个头矮）

C　预防措施确认

a　确定预防措施是否到位

有的风险可能已经通过一定的措施（如通过场所设计，加装安全设施如栅栏，人群管理措施或操作程序）得到了控制。这一步的目的是确定它们是否需要采取更多的措施。在判断措施的效果时，应该弄清楚它们在实际中是如何发挥作用的。还要明白这些措施在什么情况下产生故障或者失效。

b　确定已有的预防措施是否足够

为了达到这一目标，需要进行初步的风险评估。例如，在已有的措施下的风险很小或比类似情况下的风险小时，可以认为这类风险是基本可以控制的，也就不需要再做别的工作。相反的话，风险就是很严重的，应该进行详细评估。

所谓的“风险可能性小”是指这种风险从来没有真的造成事故，也没有任何理由说明它会发生，或是它不会造成真正的危害，也没有带来不便和不适等。

在对风险进行比较时，一定是与同一风险进行比较。

D　风险评估

这一步的目的是评估采取预防措施后重大风险的严重程度。调查结果会使你明确应该采取什么样的补救措施来控制它们。通常按照风险的大小、影响范围、后果影响程度、经济损失等情况来判定风险等级层次。一般有以下 3 个步骤。

a　评估风险的可能性

评估的重点内容是风险发生的可能性和后果的严重性，而不仅仅是事故的严重程度。因为不是所有的风险都会造成事故，潜藏的事故是在一定条件下才会发生的。评估风险时，类似事故发生的记录有助于评估风险的可能性及其危害程度。具体的风险可能性分类见表 6-6。

表 6-6　风险可能性分类

分类	不能	很少	低可能	中等可能	可能	经常
说明	从来不会，没有发生的理由	正常情况不会，特殊情况下才会发生	有理由说明将来会发生，10 年工时发生 1 次	有理由说明将来会发生，5 年工时发生 1 次	有理由说明将来会发生，1 年工时发生 1 次	发生完全符合逻辑，10 年工时发生 10 次

b　评估风险的严重性

评估风险的严重性时，要了解事故发生的场景。对于事故后果从其造成的经济损失、个人风险、社会风险及风险影响范围4项指标来对应区别后果的程度。具体风险严重性等级见表6-7。

表6-7　风险严重性等级

后果程度	后果指标			
	经济损失/元	个人风险	社会风险	影响范围
轻微	0~2000	损失较轻，轻微医疗当天就能工作	风险较低，能被社会普遍接受的理想风险值	影响范围较小，限于直接相关人员
中等程度	2000~10000	工时受限，医疗后能第二天正常工作	风险低，在社会风险可接受程度之内	影响范围小，限于相关单位内部
重灾难	1万~4万	工时受损，如听力或视力受损	风险高，超出社会可接受的风险值	影响范围大，超出利益相关单位范畴
严重灾难	4万~100万	十分之一可能性死亡或致残	风险较高，超出社会最大可接受风险值	影响范围较大，引起社会监管部门广泛关注
非常严重灾难	100万~500万	一人死亡	风险严重，引发社会连锁反应，社会影响恶劣	影响较大区域范围，全社会层面受到影响
大灾难	500万以上	多人死亡	引发社会灾难，社会影响旷日持久，环境损害难以平复，经济损失不可承受	波及全国甚至世界范围，作为负面案例被广为流传

c　确定风险水平

根据前两项工作的结果可以确定风险水平。表6-6~表6-8提供了一种针对可能性、严重性和危险水平的分类方法，实践中可以根据自己的需要来修改。基本要求是风险评价者应该明白危险是否可以接受，是否可以降低到合理的水平。

表6-8　风险水平表

后果程度	经常	可能	中等可能	低可能	很少	不能
大灾难	A	A	B	C	D	D
非常严重灾难	A	B	C	C	D	D
严重灾难	B	C	C	D	D	E
重灾难	C	C	D	D	E	E
中等程度	C	D	D	E	E	E
轻微	D	D	E	E	E	E

E　风险控制措施确定

a　需要工作

首先应核实是否按照要求完成了所有的工作，所采用的标准是否合适。如果有必要的话，要增加预防措施使危险尽可能地降到最低水平。

措施的选用必须有现实意义，而不能只是设想。表6-9是对不同水平危险的说明，对于能引发大灾害的危险应当优先考虑。

这里没有明确的标准来衡量降低危害时的投入与收效是否成比例，而要由自己来判断。除人身伤害之外，损失还包括赔偿、保险、精神伤害、收入受损、可能的起诉和其他不利的影响。

其次应考虑是否可以规避风险。一般可以采取将危险源移走或从原因入手进行处理的办法，也可以参考其他地区的处理措施。

表 6-9 风险水平说明

风险水平	说　　明
A	无法忍受的危险。需要立即采取措施来排除危险和切断发生源，不考虑投资
B	采取措施后仍然不能接受，或投资太大，与收效不成正比
C	消减危害时的投资和收效能成正比
D	基本可以接受，但是如果采用廉价的方法就能降低其危害水平的话还是要采用的
E	很小的危险，不需要采取措施

b　选择最佳措施

如果同时存在多种可能的方案，要详细分析比较，最后选出最佳者。通常可以从下面这几方面考虑：风险水平、措施本身的有效性、措施是否会带来新的问题、实施措施后见效需要多久等。当然也需要考虑投入与收效的因素，如措施实施的费用，措施实施后对场地吸引性的影响等。将上述内容写成报告。如果没必要采取任何措施要说明理由。

c　执行决定

一旦决定采取行动的话，就要确保行动的实施和执行。可以明确负责人，工作划底线、严格记录等。

F　评价结果记录

要详细地记录评价结果。评价报告要能说明评价是恰当的充分的；采取的措施能够合理实际地减轻风险。重要的评价结果通常包括：

(1) 评价识别出来的风险；

(2) 现有的预防措施；

(3) 仍然存在的风险，容易受到伤害的人；

(4) 评价结论，包含应当采取的进一步措施。

报告用书面形式表达，应便于管理部门参考，便于上级检查。

已经在别的地方提及的风险和在其他报告中描述过的预防措施，就没必要重复出现在报告中。只需要简单地提一下，说明出处即可。

报告要妥善保管，便于将来参考和应用。

G　评价结果复查和修正

风险评价不是能一步到位的工作，必要时应当复查。当评价对象发生变化，评价结果失效时还要进行修正完善。如发生了重大变化；场所、人员、管理程序、外界影响；重大事件的发生；潜藏的一个严重疏漏等。

不管是在什么情况下，最好的办法就是定期复查评价结果，并对所有修改做记录。即使一切都没有发生改变，做复查也是非常必要的。

如果评价工作正好是在一个重大事件的发生过程中进行的，那么当这个事件结束后，就应当马上进行复查。因为事件可能会带来新的问题，人们也需要认识它。

6.1.4 大型活动事故风险指数评价法

6.1.4.1 大型活动事故风险评价指标体系

大型活动事故风险评价指数体系是以风险指数的形式来评估大型活动的相对现实风险，涉及大型活动的特性系数、大型活动固有事故风险和风险抵消因子等。其中大型活动的特性系数是表征各类大型活动内在风险大小的差异；固有事故风险根据事故统计与案例分析主要是火灾、拥挤踩踏事故、建筑场所类事故等；风险抵消因子主要有疏散因素、活动场所管理和应急因素等。具体关系如图 6-4 所示。

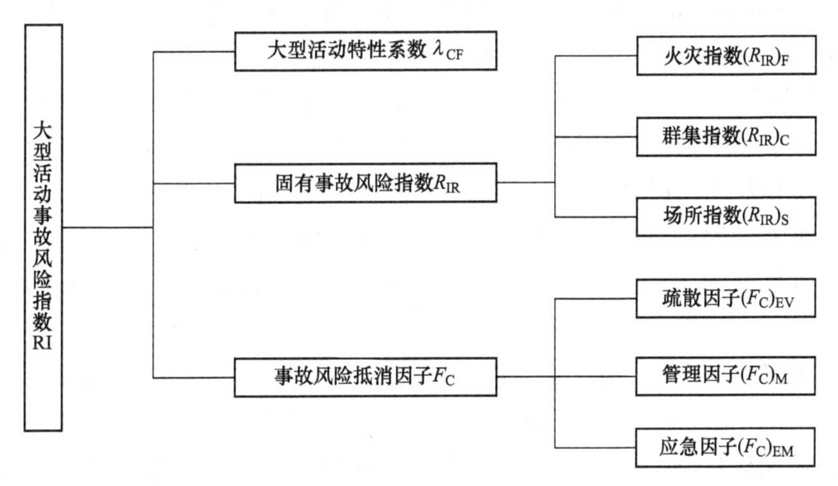

图 6-4 大型活动事故风险评价指标体系

大型活动事故风险指数评价表达式如下：

$$RI = \lambda_{CF} \times R_{IR} \times F_C \tag{6-1}$$

式中，RI 为大型活动事故风险指数（RI，Risk Index）；λ_{CF} 为大型活动的特性系数（Characteristic Factor）；R_{IR} 为大型活动固有事故风险（Inherent Risk）；F_C为风险抵消因子（Counteraction Factor）。

大型活动固有事故风险指数 R_{IR} 应为各类事故风险及其综合作用之和：

$$R_{IR} = \sum_i (R_{IR})_i \tag{6-2}$$

这里 $(R_{IR})_i$是指包括火灾、拥挤踩踏事故、建筑场所类事故、爆炸、中毒、气象、地质灾害等在内的大型活动事故风险因子。根据国内外大型活动事故案例统计分析，火灾、拥挤踩踏事故和建筑场所类事故占所有伤亡事故的90%以上，因此可以用上述 3 类事故代表大型活动固有事故风险。

风险抵消因子 F_C 应为各类风险抵消因子综合作用的耦合：

$$F_C = \prod_i [1 - k_i \times (F_C)_i] \tag{6-3}$$

式中，$(F_C)_i$ 主要包含人员疏散、安全管理和应急救援等风险抵消因子；k_i 为风险抵消系数。

进一步，由式（6-1）~式(6-3) 大型活动事故风险指数 RI 可表示为：

$$RI = \lambda_{CF} \times [(R_{IR})_F + (R_{IR})_C + (R_{IR})_S] \times [1 - k_{EV}(F_C)_{EV}] \times [1 - k_M(F_C)_M] \times [1 - k_{EM}(F_C)_{EM}] \tag{6-4}$$

式中，λ_{CF} 为大型活动特性系数；$(R_{IR})_F$ 为火灾指数（Fire Factor），表征火灾固有事故风险；$(R_{IR})_C$ 为人群聚集指数（Crowd Factor），表征拥挤踩踏固有事故风险；$(R_{IR})_S$ 为场所指数（Site Factor），表征建筑场所类固有事故风险；$(F_C)_{EV}$ 为人员疏散抵消因子（Evacuating Counteraction Factor），风险抵消系数为 k_{EV}；$(F_C)_M$ 为安全管理抵消因子（Management Counteraction Factor ），风险抵消系数为 k_M；$(F_C)_{EM}$ 为应急救援抵消因子（Emergence Counteraction Factor），风险抵消系数为 k_{EM}。

根据大型活动的多种类型存在着不同活动之间事故风险的差异特性，这与大型活动的规模类型、举办的时间地点和周期性质等因素密不可分。大型活动特性系数由活动性质、聚集规模、场所类别、使用周期、人群暴露状况、人群类型 6 个指数组成。

大型活动场所原发事故火灾较多，其次是拥挤踩踏事故和建筑物类事故，发生突然，群死群伤，后果严重，并且具有连锁反应，分别采用火灾指数、聚集指数和场所指数表示。

（1）火灾指数是基于“道化学火灾爆炸指数”思想，主要从活动场所的空间特性来表征其危险性，由活动场所空间系数、火灾危险性系数两部分组成。其中活动场所空间系数通常由场所耐火性、防火等级、危险物质性质和数量、人群聚集度等确定，或根据事故统计数据得到。这里主要考虑火灾、人群拥挤事故，由英国的公共场所年火灾概率和人群密度修正系数确定。火灾危险性系数包括空间结构特征、建筑耐火等级、建筑墙壁导热状况、装修材料、火灾载荷密度、开窗率、防火间距、安全疏散距离、防火分区的划分合理性和符合性、消防能力系数、消防设施、疏散系统、消防水源、消防管理 14 个指标组成。

（2）聚集指数是用来表征人群的高度聚集这一特性，由活动场所的事故易发性系数、容纳的总人数与有效活动面积、进出口人群流动系数、人群移动的平均速度以及人群聚集修正系数组成，聚集指数越大人群聚集危险性就越高。

（3）场所指数是表征大型活动场所本身的风险，包含有设计风险、布局风险和装修设备风险等的内部风险因素，以及周边环境、自然环境、社会环境等外在风险因素。活动场所的具体位置、内部环境、空间特性、建筑质量等因素是造成建筑物或场所结构的破坏，不合理设计影响人群疏散，发生事故时容易形成“连锁反应”，造成人员伤亡。

人群疏散是衡量公共场所安全性的一个重要指标，而活动场所本身的结构特性及疏散设置是人群能够安全疏散的一个主要的影响因素，疏散指数主要从活动场所安全疏散设施、疏散路线、引导系统及安全疏散管理进行综合疏散能力评估，可近似用疏散时间、人群密度和相对疏散评估能力取值来表征疏散的困难程度。

应急指数和管理指数分别表示大型活动场所的应急能力和管理水平，为风险减缓因素。应急过程包括预防、准备、响应和恢复 4 个阶段，选取 15 个评价指标：管理评估分为场所管理、人群管理、监控管理、应急管理 4 部分，共 20 项。

6.1.4.2 活动特性系数的计算

活动特性系数 λ_{CF} 用式（6-5）表示：

$$\lambda_{CF} = 1 + S/30 \tag{6-5}$$

式中，S 为活动特殊危险性系数，Special Factor。

活动特殊危险性系数 S 的取值范围是 6~30，活动特性系数 λ_{CF} 的取值范围是 1.2~2。活动特殊危险性系数 S 与以下大型活动的特性相关。

A 活动性质类别 S_1

（1）观赏性（体育活动），S_1取值 1~3；

（2）演讲性（广场演说，演唱会），S_1取值 1~2；

（3）流动性（车站出入口），S_1取值 1~5；

（4）购物类（商场等），S_1取值 1~2；

（5）仪节类（宗教、节同庆典），S_1取值 1~5。

B 活动规模 S_2

人群规模是大型活动预期参与人群的瞬时最大值，分为 4 个级别：

（1）1000 人以下，S_2取值为 1；

（2）1000~5000 人，S_2取值为 2；

（3）5000~10000 人，S_2取值为 3；

（4）万人以上，S_2取值为 5。

C 场所类别 S_3

S_3主要从事故可能发生的概率和产生的后果来区分。

（1）娱乐场所（如影剧院、歌舞厅、音乐厅、网吧）：3~5；

（2）商业场所（如大型商场、超市、集贸市场）：2~5；

（3）体育场所（如体育场、体育馆、游泳馆）：3~5；

（4）交通场所（如地铁站、火车站、公共汽车站）：1~3；

（5）餐饮场所（如宾馆、饭店）：1~2；

（6）宗教场所（如教堂、礼拜场所）：3~5；

（7）节日庆典（如广场、公园）：1~3。

6.1.4.3 火灾指数计算

大型活动场所的火灾危险性指数用式（6-6）表示：

$$(R_{IR})_F = SF \times (1 + G/60) \tag{6-6}$$

式中，$(R_{IR})_F$ 为火灾指数，Fire Factor；SF 为活动场所空间系数，Space Factor；G 为活动场所危险性系数，General Factor。

活动场所空间系数为 SF，取值范围为 5～22；活动场所危险性系数 G，取值范围为 15～60。大型活动场所的火灾危险性指数 $(R_{IR})_F$ 的范围为 6.25～44。火灾危险指数等级见表 6-10。

表 6-10 火灾危险指数等级

$(R_{IR})_F$ 取值	火灾危险性等级
≤10	最轻
10～18	较轻
18～25	中等
25～33	很大
33～40	非常大
≥40	极端的

A 活动场所空间系数 SF

活动场所空间系数 SF 通常由场所耐火性、防火等级、危险物质性质和数量、人群聚集度等确定，或根据事故统计数据得到。这里主要考虑火灾、人群拥挤事故，由活动场所年火灾概率系数 SF_1 和人群密度修正系数 SF_2 确定。活动场所空间系数为：$SF = SF_1 + SF_2$，取值范围为 5～22。

B 火灾危险性系数 G

a 空间基本系数 G_1

定义空间基本系数为 $G_1 = 1$。

b 建筑结构特征 G_2

钢混结构：$G_2 = 1$；

混合：$G_2 = 2$；

钢结构：$G_2 = 3$；

砖木：$G_2 = 4$；

其他结构：$G_2 = 5$。

6.1.4.4 聚集指数的计算

人群拥挤踩踏事故的一个重要特点是人群的高度聚集，用聚集指数（Crowd Factor）来表征这一特性：

$$(R_{IR})_C = \alpha \times \rho \times N_{off} \times v \times K \tag{6-7}$$

式中，α 为活动场所的事故易发性系数，见表 6-11；ρ 为活动场所的人群密度，人/m^2；N_{off}

为活动场所进出口人群流动系数，人/m·s；v 为活动场所人群移动的平均速度，m/s；K 为由于年龄、性别、生理、心理、教育水平、安全意识、安全行为等因素决定的人群聚集修正系数，通常由专家给定。

A 聚集指数参数的确定

a 活动场所事故易发性系数

表 6-11 为活动场所事故易发性系数的统计。

表 6-11 活动场所事故易发性系数

类型	娱乐类	商业类	体育类	交通类	餐饮类	宗教类	庆典类	其他类
α	1.0	1.0	1.0	0.9	0.6	1.0	0.9	0.5

b 人群密度与人运动状态

聚集指数越大表示人群聚集越危险，式（6-7）中 ρ 和 v 是重要的决定量。人群密度与人的可运动状态见表 6-12，可见人群密度越大，单个人的活动就越困难。

表 6-12 人群密度与人的状态

拥挤密度/人	$1m^2$ 站席的状态
5	接触旁边人衣物的状态
6	可以拣拾脚下物品，可转身
7	肩、肘有压力
8	人和人之间可以勉强挤过去
9	手不能上下动作
10	周围感到压力、身体不能动，发生呼救

c 人群聚集修正系数

人群聚集修正系数为 K，可由人群的行为特性确定，修正系数取值和人群影响因子取值情况分别见表 6-13 和表 6-14。

表 6-13 修正系数取值表

影响因子值	6~18	19~30	31~42	43~50
修正系数 K	1.4~1.6	1.2~1.4	1.0~1.2	0.8~1.0

表 6-14 人群影响因子取值

影响因子	影响因子取值
人员身体素质	好：10；较好：7；一般：5；较差：3；差：1
人员心理素质	好：10；较好：7；一般：5；较差：3；差：1
人员教育程度	研究生：10；大学：7；中学：5；小学：3；没有：1
人员安全意识	很强：10；强：7；中等：5；差：3；很差：1
人员安全行为	灵敏：5；一般：3；迟钝：1
人员年龄分段	成人：5；儿童：3；老人：1

d　聚集指数取值与等级

根据经验及参考标准取值，聚集指数各参数取值划分见表 6-15 和表 6-16，聚集指数越大，危险性越高。

表 6-15　聚集指数取值表

参数	α	ρ	N_{off}	v	K	$(R_{IR})_C$
取值范围	0.5~1.0	1~8	1.0~1.5	0.3~1.5	0.8~1.6	0.12~28

表 6-16　聚集指数等级表

$(R_{IR})_C$ 取值	聚集等级
≤5	缓和的
5~10	轻度的
10~15	中等的
15~20	稍重的
20~25	重的
≥25	极端的

B　活动场所人群密度的度量方法与参考值

一般可按照房间的使用功能确定其人员密度。人群密度可由经验值确定，具体见表 6-17。

表 6-17　不同用途房间的人员密度表

房间用途	人员密度 ρ/人·m^{-2}
集合用房（剧场、电影院）	1.0~2.0
娱乐用房（酒吧、歌舞厅等）	0.4~1.0
教育用房（学校、研究机构）	0.7~1.0
膳食用房（餐厅、食堂）	0.5~0.8
商业用房（百货商场等）	0.2~0.5
办公用房（办公室、写字楼等）	0.2~0.5
住宅用房（旅馆、饭店、医院）	0.1~0.2

C　人流迁移流动速度

正常情况下，活动场所行人的步行速度为 1~2m/s。根据日本研究人员的统计，正常情况下步速的平均值为 1.33m/s。表 6-18 给出了各种情况下的步速。

遇到紧急情况疏散时，由于走道内人员处于聚集状态，人员密度很大。而建筑物中人的步行速度和人员密度有很大关系：人员密度越大，步行速度越慢，疏散时间就越长。

表 6-18 步行速度表

行进状态	步速/m·s^{-1}	行进状态	步速/m·s^{-1}
行走速度慢的人	1.00	黑暗的熟悉环境	0.70
行走速度快的人	2.00	黑暗的陌生环境	0.30
标准小跑	2.33	烟雾中（淡）	0.70
中饱	3.00	烟雾中（浓）	0.30
快跑	6.00	用手和膝爬行	0.40
赛跑	8.00	用肘和膝爬行	0.30
没膝深的水中	0.70	用手和脚爬行	0.50
没腰深的水中	0.30	弯腰走	0.60

D 疏散通道断面及出入口的人员流动系数参考值

空间的单位宽度、单位时间内能够通过的人数称为人员流动系数，又叫单宽人流量 N_{off}(人/(m·s))。不同的出入口，人流在不同迁移流动状态下，N_{off}值不同。表 6-19 是一些实测数据。

表 6-19 人群流动系数 N_{off}表

人群情况	出入口种类	N_{off}平均值/人·(m·s)$^{-1}$
上下班人群	火车站检票口	1.5
	电梯出入口	1.5
	办公室出入口	1.5
	公共汽车出入口	1.25
	电车出入口	1.25
一般人群	商场出入口	1.3
	楼梯（下班时）	1.0
	影剧院出入口	1.3
	中小学出入口	1.1
	礼堂出入口	1.1
	体育出入口	1.5
	运动会散场时楼梯	1.3
	中小学放学时楼梯	1.35
参考	疏散通道设计出入口	1.5
	楼梯推荐数	1.3
	国外标准楼梯	1.1

E 人群特征

(1) 个体特征：包括个体的年龄、性别、性格、安全意识、文化修养等。

(2) 群体特征：人的行为是人体在环境的影响下所引起的内在心理的变化和外在所

映，它是因人、时、地点的不同而有不同的表现。任何一个行为的主要原因总是服从于力图排解或使得肌体处于最小心理紧张、保持个体心理平衡的原则。

6.1.4.5 场所指数的计算

场所指数（Site Factor）是表征大型活动场所自身及所处时空环境带来的风险，包含有设计风险、布局风险和装修设备风险等的内部风险因素，以及周边环境、自然环境、社会环境等外在风险因素。

$$(R_{IR})_S = \omega \times R \times \left(1 + \frac{E}{50}\right) \tag{6-8}$$

式中，ω 为多米诺效应系数，根据可能导致事故链发生的难易程度确定，取值范围为 1~2；R 为场所的内在风险值，用活动场所的空间结构特征来表征，根据活动场所建筑结构的类型分为敞开式、半敞开式、封闭空间 3 种类型。敞开式场所（露天广场、公园等），R 取值为 5；半敞开式场所（火车站、地铁进出口、半封闭式建筑等），R 取值为 8；封闭空间场所（封闭的商场、超市等），R 取值为 10；E 为周边环境、自然环境、社会环境等外在风险值，决定的场所内在风险指数的修正系数。

（1）周边环境 E_2：

1）郊区：E_1取值为 1.0；

2）点在型（单个场所）：E_1取值为 3；

3）密集型（多个场所分布一起）：E_1取值为 5；

4）一般居民区：E_1 取值为 7；

5）商业区和人员密集区：E_1取值为 10。

（2）自然环境 E_2：

1）危险性（灾害因子活动的强度和频次）：取值范围是 1~10；

2）暴露性（场所及人群受灾害因子的威胁程度）：取值范围是 1~10；

3）脆弱性（场所及人群承受灾害风险的能力）：取值范围是 1~10。

6.1.4.6 疏散抵消因子

大型活动场所中一旦发生事故灾害，人群疏散是衡量公共场所安全性的一个重要指标，而活动场所本身的结构特性及疏散设置是人群能够安全疏散的一个主要的影响因素，这里从活动场所安全疏散设施、疏散路线、引导系统及安全疏散管理进行综合疏散能力评估。同时，人流的移动速度又在很大程度上取决于人流密度。人流密度越大，人与人之间的距离越小，人员移动越缓慢；反之密度越小，人员移动越快。当然，这还与人们的文化传统、社会习惯、人们之间的彼此熟悉程度有关。国外研究资料表明，一般人员密度小于 0.5 人/m²，人们可以按自由移动的速度移动；当密度超过 5~7 人/m² 时，人们几乎无法移动。

6.1.4.7 管理抵消因子

活动场所安全管理评估分为场所管理、人群管理、监控管理、应急管理 4 部分，共 20

项，各项取值均为 10，实际取值为 $(C_m)_i$，$C_m = \sum (C_m)_i$ $(i=1, 2, \cdots, 20)$。

管理抵消因子计算如下，取值为 1~2。

$$(F_C)_M = 1 + \frac{C_m}{200} \tag{6-9}$$

6.1.4.8 事故风险等级划分

大型活动事故风险指数等级见表 6-20。

表 6-20 大型活动事故风险指数等级

RI 取值	大型活动事故风险等级
≤5	最轻
5~10	较轻
10~30	中等
30~60	很大
60~100	非常大
≥100	极端的

6.1.5 大型活动事故风险管理控制对策

6.1.5.1 大型活动安全风险控制策略

就可能出现的安全问题，采取消除或减弱危险、有害因素的技术措施和管理措施，建立大型活动安全风险控制机制。图 6-5 所示为大型活动事故风险控制策略。

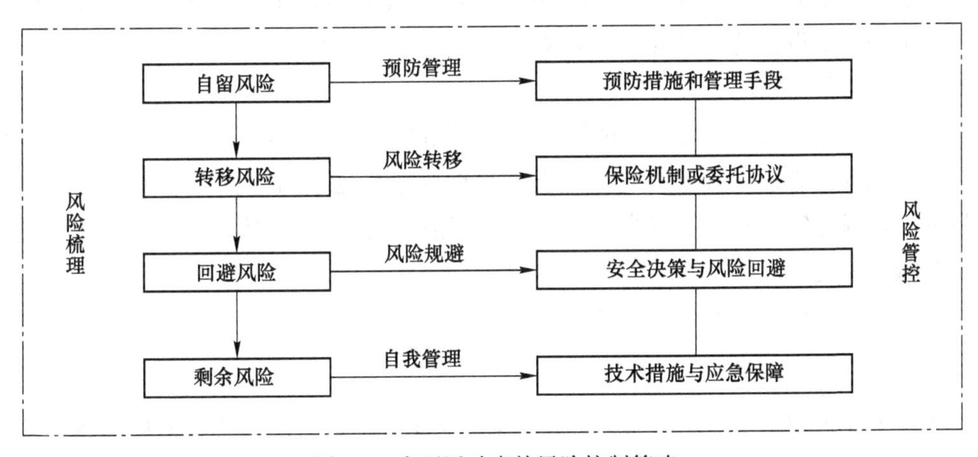

图 6-5 大型活动事故风险控制策略

常见的大型活动风险控制策略包括：

（1）取消活动。如果面临的风险过高，必要时将不得不取消活动以规避风险，如 2008 年的达喀尔拉力赛。

（2）减轻风险。对于一些不能消除的风险通过技术手段等将其影响降到最低。例如安装金属探测器或设置安全警卫以降低由于危险人群对活动造成的风险。

（3）通过制定应急处置方案等降低风险的危害程度。如准备相应的应急方案控制自然灾害的影响等。

（4）设计替代方案。通过使用替代方案来挽救整个活动，例如配备备用发电机等。

（5）分散风险。如果风险可以通过不同领域进行分散，那么即使出了一些差错，造成的影响也可以降低。如分散现金提取点，这样即使发生偷窃也不会威胁到整个活动的收入。

（6）转移风险。将风险转移给对活动某方面负责的团体。在澳大利亚，大多数演出团体在参加活动前，都要求投保公共责任保险。

6.1.5.2 大型活动安全风险控制措施

A 风险控制层次和范围

大型社会活动的两大风险是场内和场外发生一些不良事件的风险及不良事件所带来的负面宣传效应的风险。往往公众影响力越大的社会活动，其安全保障的范围也就越大，远不限于活动本身的场地出现的风险事故。因此，大型社会活动风险管理的工作不仅仅是在活动场地内预防事故的发生，范围扩展到大型社会活动举办场地为中心的更广大的辐射区域，一旦发生危机或事故，及时遏制它的次生效应。

B 风险控制措施

大型社会活动事故风险控制的措施包括物理防范措施和安全管理措施两方面。

物理防范措施相当于硬件部分，安全管理措施相当于软件部分。物理防范措施指涉及建筑物、装置、地面设计、场地布局及为防止活动安全运营的电力、通信、监控等辅助支持设施。关键辅助设施的失控可以直接导致事故，而事故状态时支持系统的保障作用又可以抑制或减缓事故后果的扩大。

安全管理措施包括建立安全管理机构和规章制度等预防策略，事故的应急响应系统的建立及必要的安全管理人员辨识异常情况、采取应急措施、树立安全意识的培训教育工作。同时，可通过宣传来预防事故、现场检查与巡视和针对大型社会活动利益相关者的安全保障措施等来进行风险控制。

6.1.5.3 人群因素安全控制措施

A 人群密度控制措施

当人群的总体数量超过活动场所所能承受的安全容量，当活动场所的局部区域的人群密度过度集中或者人流服务水平急剧下降时，人群的分布风险就会大大提高。因此必须对活动场所的总体人群分布和局部人群分布都采取控制措施，降低人群分布给整个活动的人员安全带来的风险。

B 人群流动控制措施

大型活动中的人员流动问题是能引起拥挤踩踏事故发生的一个重要原因。可以设想从以下几个角度来研究大型活动人员流动问题。

a 常态下的人流的预测、引导和控制

大型活动中的人流量预测工作关系到大型活动的交通配套设施、活动场地的布局设施、活动安排等工作能否顺利展开。应该从系统的角度，根据活动场地布局特点和人员疏散的要求，对大型活动中人员流动在时间和空间上加以引导和控制。如何平衡各个时间段和各个区域人流的分布，让整个大型活动期间的人流更加有序，会直接影响大型活动举办的效率。由此可见，常态下的人流预测、引导和控制是影响大型活动人流问题的一个最基本方面。

常态下的人流预测、引导和控制可以有很多的措施。如通过对天气的好坏、是否为节假日等信息的分析，并结合当日的人流情况，来预测次日的人员流动数量和时间、空间分布状况，从而提供次日的设备和服务人员的配备预案等。也可以通过建立预测模型和各种方法措施来预测、引导和控制大型活动中的人员流动，从而尽可能地减少人员拥挤现象的发生，进而最大可能地保障大型活动上的人员安全。

b 活动场地的人员容量问题

在一定的条件下，科学合理地规定活动的人员容量，即正常景观容量和大型活动场所最大允许容量，并按照这两个容量，实行分级预警管理，是保证大型活动安全、顺利举办的前提条件。

c 人员紧急疏散问题

由于大型活动期间会出现大量活动参与者涌入活动场地的状况，因此，一旦发生火灾、人员拥堵等紧急事故，活动管理人员能够组织活动参与者沿着合理的疏散路线进行疏散，制订合理的疏散路线是大型活动的主办者关心的问题。

d 关键部位人群通行能力问题

在整个疏散过程中最有可能发生拥堵的部位就是疏散过程中的关键部位。这里需要通过采用计算机模拟技术，确定出人员疏散过程中的瓶颈位置，并分析这些位置的人群流向及人群通行能力，并制订相应的管控方案。

另外，需要提出的是，活动中的安全管理人员同时也是突发事件发生的“第一响应者”，他们在紧急疏散过程中，具有组织疏导人群安全疏散的责任。在紧急疏散过程中，有效的通信广播系统也是非常重要的，它能够缩短人员反应时间，并能把有用的信息及时地传递给人群，这些都对人群的紧急疏散产生积极的影响。

e 其他方面

除了以上几个方面，大型活动上的其他工作都有可能对人员流动情况产生影响。比如说在大型活动期间的文艺演出、抽奖等有大量群众参与的活动安排、即时信息的播报、重要人物的出现等都会对人员流动产生长期或者短期的影响。

C 人群构成控制措施

每个人的行为都会受到自身生理、心理、年龄、教育背景等因素的影响，不同个体的行为判断能力、心理承受能力及行动能力都不相同。高风险人群的比重是群体安全水平的一个重要考核指标，高风险人群是指具有某种特性的部分人群会比其他人的风险性高，主要包括小孩、老年人、残疾人和病患者。

6.1.5.4 安全能力提升措施

A 提高活动参与人员的安全意识、技能对策

活动参与人员可以通过自己的权威性和号召力来影响大型活动的安全性，这种影响包括正面和负面的。在突发事件初期，活动参与人员可以以自己的影响力指挥现场观众疏散。另一方面，活动参与人员的表现与现场观众的情绪密切相关，他们往往通过煽动性的行为和语言调动现场的气氛，观众易产生过激的行为，为活动带来风险。活动参与人员的安全水平的高低直接影响活动的安全性。因此，活动参与人员应接受安全教育，具备一定的安全意识，理解大型活动安全的重要性，具备必要的突发事件应急能力，并且突发事件下能以自身的行为有效的引导观众。

（1）加强活动参与人员的大型活动日常安全宣传，提高演职人员的安全意识；

（2）加强活动参与人员在突发事故和危险下的应对能力培训，让活动参与人员充分了解大型活动可能出现的各种危险及应对危险的措施；

（3）加强大型活动参与人员的自救和互救能力，应急能力强的人群在突发事件下可以起第一响应者的作用。

B 提高工作人员安全意识和技能对策

工作人员安全水平的高低是大型活动安全举办的重要影响因素。高素质的工作人员应该具有良好的管理能力、应急能力，在突发事件发生时，能冷静地处置，采取应急或替代措施，有效疏导人群。

a 考核重点部位工作人员

重点部位工作人员包括活动场所水、电、气、热关键部位的管控人员，特种设备操作人员、搭建工作人员和关键部位的安保人员。这些部位是活动场所事故隐患的脆弱部位，因此重点部位工作人员的操控能力非常重要。

b 加强工作人员安全意识

工作人员良好的安全意识能够提高整个大型活动的安全运营水平。工作人员的安全意识提高是一个日积月累的过程，是需要一个不断培训和教育的过程。

c 提高工作人员应急能力

在突发事件发生时，工作人员的应急能力发挥重大的作用。安全意识高、应急能力好的工作人员能够在突发事件的第一时间采取有效的措施控制或缓解突发事件的事态发展，能够在最短事件内合理的疏散人群等。

6.1.5.5 大型活动场所安全对策措施

A 规划布局安全

a 出入口、通道布局

（1）增加安全出口数量。

（2）设计合理的安全出口宽度。

(3) 用疏散理论和疏散软件查找活动场所的疏散瓶颈，包括通道、出口等重点部位。按人员的分布情况，制订在紧急情况下的安全疏散路线，并绘制平面图，用醒目的箭头标示出出入口和疏散路线。

(4) 场馆的门应向外开启，不得采用卷帘门、转门、吊门和侧拉门，门口不得设置门帘、屏风等影响疏散的遮挡物。确保安全出口和疏散通道畅通无阻，严禁将安全出口上锁、阻塞，必要时在出口和通道处需要设置疏导人员。

b 活动区域安全布局

(1) 对于展会等活动，活动区域架构应呈现狭长、分散型，而非集中、聚集型，避免因活动过分集中而带来的拥堵；

(2) 注意热点活动区域的布局，并对热点场所的内部布展内容、参观经历的时间长度、人流日吞吐量与其室外场地的规模、小型活动安排和休憩设施综合考虑，尽量避免大量人流长时间排队、考验观众耐心的情况出现。

c 安全间距

活动场所的各类设施（包括主体建筑、附属建筑、服务设施、临时设施等），设备之间应满足必要的安全间距，其着眼点在于保障大型活动的人流畅通及消防安全。

B 建筑结构安全

大型活动场馆应根据《建筑结构设计统一标准》《建筑结构荷载规范》（GB 50009—2001）等规定进行设计，建筑物质量应符合《建设工程质量管理条例》等，以确保大型公共建筑的质量安全。大型活动在选择场馆时应确保建筑设计、施工、验收等严格按照国家规定的程序执行，具有合法的检验文件等，建筑的质量过程控制合格。

C 基础设施安全

活动场所的基础设施要满足活动安全举办的要求。如现场用电量超过场地方能提供的最大用电量时，应当减小用电量或者准备发电车等设备；保证水、电、气、热等重点部位的安全；活动场地的提供方要保证活动场地内的场所、房屋等建筑物及基本配套设施等达到相关行业安全标准或者符合相关法律、法规的规定。

D 临建设施设备程序控制

安全工作是一个综合工程，可能涉及各个方面，在实际工作中，应充分地调动各方面人员参与到安全工作中。对于临建设施设备安全，基本要求要在程序上保证符合法律规定要求。

E 安全设施配备

a 安全防范系统

安全防控系统就是运用数字化信息化手段、网络技术、传感遥测技术对重要区域进行全天候实时监控和记录的系统。概括地说，大型活动场馆的安全防范系统主要包括以下几个部分：出入口管理系统、入侵报警系统、防爆安全检查系统、视频监控系统、停车库（场）及场馆道路管理系统、疏散引导系统、安全管理与应急指挥系统。场馆的安全防范系统设计应根据有关标准并结合场馆的实际情况。

b 通信系统

信息管理是大型活动安全管理工作的重要方面，因此，活动现场应设定保障活动现场各类信息的有序传递的设施。

c 消防系统

火灾是大型活动常见的事故类型，也是大型国内活动重点防范的事故之一。提供必要的硬件保障是确保大型活动消防安全的重要基础。常见的消防保障系统有消防车、消防栓、灭火器、消防水池、消防通道、消防报警系统等。在举办大型活动前，应至少对消防系统进行一次彻底的检查。

d 应急设施

除消防系统外，大型活动组织者还应当为活动配置相应的应急设施，包括应急抢险设施、应急救助设施及必要的生活物资等。

F 特种设备安全

（1）特种设备使用，应当严格执行本条例和有关安全生产的法律、行政法规的规定，保证特种设备的安全使用。

（2）对在用特种设备进行经常性日常维护保养，并定期自行检查。对在用特种设备应当至少每月进行一次自行检查，并做出记录。对在用特种设备的安全附件、安全保护装置、测量调控装置及有关附属仪器仪表进行定期校验、检修，并做出记录。

（3）应当按照安全技术规范的定期检验要求。

（4）特种设备出现故障或者发生异常情况，使用单位应当对其进行全面检查，消除事故隐患后，方可重新投入使用。

（5）特种设备使用单位应当制定特种设备的事故应急措施和救援预案。

（6）应当对特种设备作业人员进行特种设备安全教育和培训，保证特种设备作业人员具备必要的特种设备安全作业知识。特种设备作业人员在作业中应当严格执行特种设备的操作规程和有关的安全规章制度。

G 危险化学品安全

如果在大型活动举办期间存在使用、运输或储存列入危险化学品名录中的危化品，应采取以下对策措施：

（1）危险化学品包装应按《危险货物包装标志》（GB 190—1990）设置标志；

（2）危险化学品包装运输按《危险货物运输包装通用技术条件》（GB 12463—1990）；

（3）应按《常用化学危险品贮存通则》（GB 15603—1995）对危险物质进行妥善贮存，加强管理；

（4）按照《危险化学品安全管理条例》（国务院令第344号）的要求对危险化学品进行储存、保管和收发；

（5）危险化学品专用仓库，应当符合国家标准对安全、消防的要求，设置明显的标志。危险化学品专用仓库的储存设备和安全设施应当定期检测。

6.1.5.6 环境因素控制措施

大型活动中环境的安全影响因素包括自然环境、社会环境和周边环境3方面，加强对环境的安全保障控制，对保障整个活动的安全举办非常重要，可采取的措施如下。

A 自然环境安全

（1）建立气象预警系统，建立健全气象风险防范机制，防止天气突变时，突发事故的发生。

（2）需制订天气突变时的活动备用方案，或者对天气突变情况做好预防控制措施。例如，原先在室外举行的大型活动，若天气突变降大雨，需要有活动备用场地或者相关代替措施，甚至活动取消或延期方案。

（3）做好突发自然灾害对大型活动二次影响的预防工作。

B 社会环境安全

大型活动举办期间的社会环境主要指当期的社会大环境。包括当期政治事件影响、当期其他活动或者事件的影响等，控制的对策措施是通过制定当期环境下的应急预案。

a 治安环境

可以设立巡游保安，一定要科学安排部署，重要部位、重要区段重点落实；同时应建立工作人员报警制度，发现问题，马上报告，及时解决。采用公秘结合，加强重点地区的巡逻盘查，尤其是在密集时段、地区。加强警戒，增强安全意识，可以考虑设置安检，以防有人携带危险物品入内。

b 政治环境

大型活动随其规模、影响的扩大，其安全程度将会更大的倚赖于当地的政治环境。大型活动举办地区相关法规、机制健全程度对大型活动的组织、管理有着重要的影响，加强法规的制定，尤其是完善大型活动安全管理条例、实施细则等及强化大型活动当地安全管理的机制、体制建设将是大型活动宏观管理的重要组成部分。

C 周边环境安全

对大型活动的安全举办产生影响的周边环境因素主要指周边的交通环境、周边加油加气站等重大危险源的存在及流动危险源带来的风险。

（1）在举行大型活动，尤其是较为盛大的活动，在开幕式和闭幕式时，必要时需要对活动场地周边交通实施交通管制，防止发生交通拥堵，防止流动危险源靠近活动场地。

（2）做好重要活动期间活动场所内及其周边地段的交通管制、交通调度，限制人员进出管制区域，对进出管制区域人员的证件、车辆、物品进行检查。做好活动场所内各活动场馆车辆的停放调度和指挥。

（3）大型活动场所选址要远离学校、商城和其他人群聚集性场所，与这类人群聚集性场所要保持一定的安全距离。若活动场所紧邻人群聚集场所，需要采取避免发生人群高峰重叠，并制定和周边环境相关的疏导方案。

（4）大型活动场所选址要远离重要的工业场所和重大危险源场所，与储罐等工业危险源保持一定的安全距离，确保在工业危险源爆炸、火灾和毒气泄露影响范围之外。

(5) 加强对活动场所周边流动危险源的管理，在活动开展期间，尤其是重大活动期间，尽量防止流动危险源靠近活动场地。

(6) 大型活动场所周边交通环境负责、周边有人群密集场所和危险源时，需要制定相应的预防措施和应急预案。

6.1.5.7 安全管理措施

A 保障组织管理

(1) 建立健全管理组织机构。大型活动准备工作启动时，就应成立活动的安全管理组织机构，负责活动从筹备到举办阶段的全部风险管理事务。主要表现在：在活动的活动期，参与活动风险的识别、评估，选择恰当的风险管理技术，在此基础上制订风险管理计划；在活动的筹办期负责实施风险管理计划，并监控计划的执行等。

(2) 保持与地方相关职能部门的联系。在日常管理与应急状态时，都要保持好与地方相关职能部门的联系。

(3) 建立规章制度。为了全面提高活动的组织管理水平，首先应建立、健全、完善如下规章制度：安全生产责任制；各项安全操作规程；安全检查制度；安全教育制度；因工伤亡事故调查、处理、报告制度；个体防护用品管理制度；安全生产奖惩制度；特种设备管理制度，本工程的特种设备有锅炉、压力容器、园内机动车辆等；临时施工的审核、报批制度；特种设备审批制度；员工定期健康体检与职业病检查、申报制度；事故隐患整改、验收制度；外来人员登记制度、监督管理制度。

(4) 网格化管理模式。根据网格安全管理功能的要求和大型活动安全管理的需求，网格安全管理体系包括管理组织系统，信息系统，资源保障系统，决策系统和实施系统组成。

B 安全专项方案

为了保证参与者的安全性、舒适性、有效性，必须对大型活动中的重点问题进行特殊管理和控制。

C 工作人员管理

(1) 对工作人员上岗岗位证的要求，定期对工作人员的岗位技能进行考核；

(2) 工作人员需要参加安全知识和技术的培训，需要加强应急能力教育，并建立考核制度；

(3) 工作人员需要参加应急演练；

(4) 建立岗位安全责任制度。

D 相关方管理

相关方管理是指大型活动中各安全管理人员的安全责任制、各相关方（主办方、承办方等）所应承担的安全责任（安全协议）。

此外，在大型活动的安全责任分配上可以采用签订管理合同的方法。活动管理合同反映了合同双方或多方所达成的一致理解和协议。安全可靠的活动环境应远离危险，安全协议签订使项目负责人不能将风险或责任转嫁他人，应而会负责创建安全可靠的环境并在活动的全过程中予以保持。

E 应急管理

大型活动应急管理是在应对大型活动突发事件的过程中，为了降低突发事件的危害，达到优化决策的目的，基于对突发事件的原因、过程及后果进行分析，有效集成社会各方面的相关资源，对突发事件进行有效预警，控制和处理的过程。

大型活动应急管理的内容应该包括：事故分析、预测和预警，资源计划、组织、调配，事件的后期处理，应急体系的建设等。

6.2 企业全生命周期风险管理方法

6.2.1 企业安全管理体系建设

6.2.1.1 安全管理

安全生产是指为预防生产过程中发生人身、设备事故，形成良好劳动环境和工作秩序而采取的一系列措施和活动。

安全生产管理是指安全技术人员对安全生产工作进行的计划、组织、指挥、协调和控制的一系列活动。

安全生产管理体系是将组织实施安全生产管理的组织机构、职责、做法、程序、过程和资源等要素有机构成的整体。这些要素通过先进、科学、系统的运行模式有机地融合在一起，相互关联、相互作用，形成动态管理体系（例如：OHSAS18001、EHS）。

安全生产管理体系建设是指生产经营单位：

（1）认真贯彻落实国家有关安全生产的法律法规和标准技术规范；

（2）学习借鉴先进的企业安全管理理念、管理方法和管理体系；

（3）建立涵盖企业生产经营全方位的，包括经营理念、工作指导思想、标准技术文件、实施程序等一整套安全管理文件、目标计划、实施、考核、持续改进的全过程控制的安全管理科学体系。

同时，体系建设是开放性的，可以包括各种行之有效的安全管理理念、方法、手段和工具，应包含以下要素：先进的安全管理理念；明确的安全管理目标；健全的安全管理组织体系；完善的安全管理制度（文件）；有效的安全管理工作措施；有针对性的全员安全培训教育；严谨的安全生产绩效考核。

6.2.1.2 为什么要建立安全生产管理体系

A 实现企业安全管理理念和管理方式“四个转变”

（1）从要我安全转变为我要安全；

（2）从事后控制转变为事前预防；

(3) 从只注重生产过程的安全生产管理转变为企业全方位的安全管理;

(4) 从把安全生产作为企业一项具体工作转变为企业文化建设和管理体系建设的重要组成部分。

全面提升企业安全管理水平，真正体现以人为本、科学发展和企业社会责任，从而实现全社会安全生产形势的根本好转。

B 国家法律、法规

a 《中华人民共和国安全生产法》

第四条“生产经营单位必须……加强安全生产管理，建立、健全安全生产责任制度……”

第十七条生产经营单位的主要负责人职责:(一) 建立、健全本部门 (车间) 安全生产责任制;(二) 组织制定本部门 (车间) 安全生产规章制度和操作规程;

其他，生产经营单位的安全生产保障：涉及有关培训教育、资金投入、技术措施、特种作业、危险作业等方面的条款。

b 《江苏省安全生产条例》

第十一条生产经营单位制定的安全生产规章制度包括:(一) 安全生产教育和培训制度;(二) 安全生产检查制度;(三) 具有较大危险因素的生产经营场所、设备和设施的安全管理制度;(四) 危险作业管理制度;(五) 劳动防护用品配备和管理制度;(六) 安全生产奖励和惩罚制度;(七) 安全生产事故报告和处理制度;(八) 其他保障安全生产的规章制度。

c 企业自身发展

安全生产管理体系使企业生产过程的各个环节、各个要素的安全管理都做到有章可循，使企业安全管理处在一个可控的系统中，从而:

(1) 满足安全生产法律、法规要求;

(2) 为企业提出的总方针、总目标以及各方面具体目标的实现提供保证;

(3) 减少企业事故发生，保证员工的健康与安全，保护企业的财产尽可能少受损失;

(4) 减少医疗、赔偿、财产损失费用，降低保险费用;

(5) 满足公众的期望，保持良好的公共和社会关系;

(6) 维护企业的名誉，增强市场竞争能力。

6.2.1.3 安全生产管理体系的主要内容

(1) 方针政策、领导承诺、目标计划。

(2) 组织机构、职责和责任制的落实。

(3) 各项安全生产管理制度的建立:

1) 教育培训;

2) 风险管理;

3) 隐患排查;

4) 例会制度;

5）现场管理：规范化管理（6S）、设备管理、承包商管理、变更管理、危险作业许可、劳防用品管理、职业危害因素控制；

6）应急管理；

7）事故管理。

（4）审核、评审和持续改进的计划与落实。

6.2.1.4 安全生产管理体系建立步骤

A 确立安全管理方针目标

a 方针政策的制定原则（实例：方针政策、承诺）

（1）公司所有的生产经营活动都应满足安全生产管理体系的各项要求；

（2）与公司其他方针保持一致，并具有同等重要性；

（3）能够得到各级组织的贯彻和实施；

（4）员工易于获得；

（5）符合或高于相关法律和法规的要求；

（6）当法律和法规没有相关规定时，可选用公司内部合适的企业标准；

（7）尽可能有效地减少公司的业务活动对安全生产管理体系带来的风险和危害；

（8）通过定期审核和评审，以达到持续改进的目的。

b 设定安全生产工作目标

（1）量化指标：工伤起数、工伤人数、安全事件数、隐患整改率、设备故障率；

（2）最终目标：零事故。

c 制定安全生产工作计划

（1）安全生产年度工作计划主要包括：年度安全责任、员工教育培训、隐患排查整改、定期安全例会、设备维护保养、应急演练、评价考核等。

（2）安全生产管理体系审核、改进计划主要包括：内部审核、客户审核、政府部门要求。

B 建立安全生产责任体系

（1）建立厂级安全管理网络如图 6-6 所示。

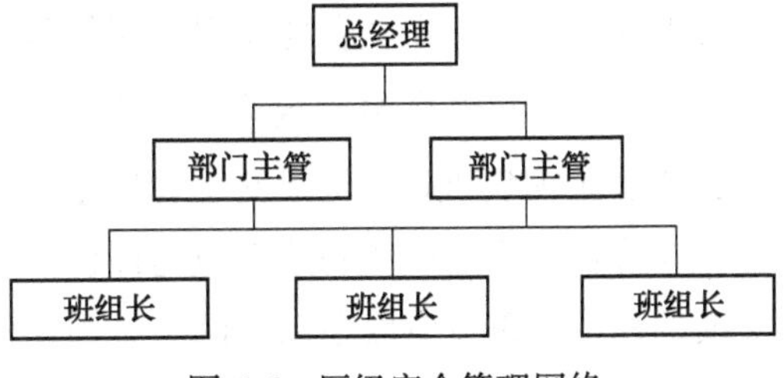

图 6-6 厂级安全管理网络

（2）建立专职安全管理机构。

（3）明确层级职责，落实各级责任：

1）总经理（厂长）的安全管理职责；

2）部门主管（车间主任）的安全管理职责；

3）班组长的安全管理职责；

4）安全管理部门和专兼职安全管理人员的安全职责。

（4）签订安全生产责任书。

C 建立安全生产管理制度

a 建立教育培训制度

（1）确定教育培训对象：新员工、在岗员工、转岗员工、危险岗位作业人员、特种设备操作人员、接触“四新”的作业人员；

（2）确定教育培训内容（新员工“三级”教育）；

（3）确定教育培训流程（新员工“三级”教育）；

（4）制订教育培训考核制度。

b 风险管理制度

（1）危险源辨识：检查表法、事件树分析法、事故树分析法、故障树分析法等；

（2）风险评价；

（3）风险控制。

D 建立制度评审、改进机制

（1）制定内部审核计划；

（2）满足客户安全标准；

（3）达到政府部门要求。

6.2.2 企业安全管理评价体系及实施

6.2.2.1 安全管理评价的内容

安全管理的领域极为广泛，从军事到经济、从科技到教育、从生产到环境，无所不包、无所不在。因此，安全管理评价的内容也相应纷繁复杂。但是，安全评价的实质性目的有两个：一是确定一定时期内安全管理活动的成果；二是发现安全管理中的优缺点，进行扬弃，以改进管理，实现安全管理的良性循环。这就决定了安全评价的基本内容是评价安全管理的实绩及其安全管理职责的履行程度。

A 对安全管理成绩和效果的评价

安全管理成绩和效果是指安全管理主体在一定时间内所获得的实际的安全工作成绩和效果。评价安全管理成效和效果应是评价活动所应遵循的一个基本的指导思想。对安全管理实绩的评价，重点应放在以下两个方面。

a 考察其所取得的真正效益

这里所指的真正效益，是眼前效益和长远效益的统一，是微观效益和宏观效益的统一，是经济效益和社会效益的统一。获取尽可能大的效益，是企业安全管理的根本目的和最终归宿，是一切安全管理活动追求的核心内容，安全评价活动的要旨，在于确定安全管理的真正效益并做出相应的评价。

b 考察安全管理目标的实现程度

对安全管理效益的追求总是要通过具体的安全管理目标所体现出来。如果说，安全管理效益是安全管理的根本目的和最终归宿，安全管理目标则是安全管理活动的相对出发点和终点，是安全管理主体追求管理效益和效果的真实状况。安全管理目标也就成为考核评价安全管理成绩和效果的重要标准，成为安全评价活动的主要内容之一。

为了保证安全评价结果的全面、真实、准确和客观，评价安全管理目标的实现程度，可如前所说，从安全管理目标的达到程度、困难程度、努力程度等多方面进行综合评价。

B 对安全管理职责履行程度的评价

安全管理的过程，也是一个履行安全管理职责的过程。安全管理职责履行的如何，直接影响到企业的安全管理水平、安全管理效益的高低，以及安全管理目标的实现程度。为改进安全管理，推动安全管理的良性循环，安全评价活动还应深入到安全管理活动内部，对安全管理职责的履行程度进行评价。就一般情况而言，对安全管理职责的评价主要有以下几个方面。

a 安全决策

安全决策在安全管理过程中占有核心地位。安全管理的其他各项活动，如安全计划、安全指挥、安全协调、安全监督等，都是围绕安全决策而展开的。安全决策正确，则安全管理效率与安全管理效益成正比例发展；安全决策错误，则安全管理效率越高，安全管理损失也就越大；因此，安全决策是决定安全管理效益的首要因素。而安全决策的中心职责是制定科学、正确的安全目标。为此，评价安全决策活动是否履行了其职责主要是看其是否能正确提出问题，是否在科学预测的基础上，设计出多个可供选择的、能解决问题的安全目标；是否对多个安全目标进行充分论证和比较；安全决策的目标是否达到了优化的要求等。

b 安全计划

安全计划是根据安全管理目标，对未来安全管理过程进行具体安排与部署的安全管理活动。就实质而言安全计划是安全决策目标的具体纲领和实施安排，是指挥、协调、监督的标准和前提条件，在安全管理过程中起着承上启下的中心环节作用。为此，评价安全计划活动是否履行职责，主要是看其是否从人、财、物的实际情况出发；是否是安全决策目标的具体落实和周密展开；是否因考虑不周而经常更改；是否能适应安全指挥、安全监督、安全协调等职能的进行与展开。

c 安全指挥

安全指挥是依靠一定的权威，按照统一意志和指令，调度组织成员活动，发挥成员间合作效能，使安全决策目标和编制的安全计划付诸实施的安全管理活动。这就决定了安全指挥是安全管理实际运行的推动者。没有安全指挥，安全决策的目标和编制的安全计划就不能成为现实，安全监督和安全协调也就无法着手进行。安全指挥又是安全管理过程有效性的直接决定者，安全指挥职责履行不好，整个安全管理过程就难以顺利运转，安全管理的高效率就成为一句空话。为此，评价安全指挥职责是否履行得当，要紧紧围绕“效率”这一中心内容，是否发掘了企业内部各类资源的潜能，各类资源是否得到了充分合理的利用；企业内各机构设计、各人员安排是否配置得当；制定的安全工作规范是否健全、完善；从安全管理层到安全执行层是否齐心合力，团结一致等。

d 安全协调

安全协调是在安全管理过程中，对安全管理的各种要素、各个环节、各个方面进行动态的组织和调节，使其达到和谐、统一和平衡，以确保安全管理目标和安全计划顺利实现的安全管理活动。评价安全协调活动是否得当，主要是看其是否在安全计划实施过程中，消除了计划任务委派中的不确定性和交叉重复性，不断地调整和完善安全计划；是否调整了人员在工作中的各种关系，建立了最佳的人员结构；是否缓解和解决了安全管理活动在动态过程中出现的新的矛盾和问题；是否在企业内部创造了一种和谐的气氛，提高了企业内部的安全工作效率等。

e 安全监督

安全监督是为确保安全管理目标的实现，依据安全计划的标准，对安全管理执行活动进行监察督促的一种安全管理活动。评价安全监督活动是否履行了职责，主要是看是否依据安全计划标准检查核实执行活动的实际状况；是否发现偏差并督促执行部门纠正偏差；是否把不符要求的安全管理活动拉回到正确的轨道上来。

6.2.2.2 安全管理评价指标体系的建立

安全管理评价的内容总是要通过具体的评价指标及相应的评价指标体系所表现出来，为此，就要建立安全管理评价的指标体系。

A 评价指标和指标体系

安全管理评价内容一旦明确，就要建立相应的评价指标和指标体系。评价指标是评价安全管理成果的尺度和标准，是保证安全评价工作客观、全面、科学的前提和基础。

评价指标，由指标名称和指标数值两个部分构成。其中指标名称反映评价工作的含义和范围，指标数值则是应用规定的计算方法所得的计算结果，表明评价绩效的量的关系。评价指标种类很多，包括定性指标和定量指标，绝对数指标和相对数指标；价值性指标和实物性指标等。一项评价指标只能说明一方面的情况，只能从某个侧面反映其安全管理绩效的某个特征。因此，要想全面、综合地考察和评价一个单位在一定时期内的安全管理绩效，就必须把一系列互为联系、互为因果的指标进行系统的组合。而这一系列的有内在紧密联系、相互制约、相互补充的评价指标，也就形成了评价安全管理绩效的指标体系。

B 设置评价指标体系的原则

a 系统性原则

设置评价指标体系时，首先要考虑到它的系统性，这是设置评价指标体系的首要原则。

系统性原则要求：

(1) 不同的安全管理项目需要不同的安全评价指标，不同的评价指标具有不同的作用。因此，在建立安全管理绩效评价体系时，要根据安全管理项目的内在要求选择和制定有关的评价指标，然后根据指标间的内在联系，进行有序的衔接和组合，使其成为一个完整的指标系统。

(2) 要注意到指标之间的协调一致。安全管理活动和安全管理内容是一个统一的整体，评价指标则可能是对某一层次、某一方面管理绩效的反映。如果设置指标时过分强调了某一方面的意义，或指标不是由一个部门统一下达，就会造成指标之间的不协调和不统一，这种不协调和不统一会给全面评价安全管理绩效的工作带来困难，甚至会把安全管理活动的方向引向错误的轨道。因此，设置安全评价指标体系时，必须注意各指标之间的协调一致。

b 实用性原则

评价指标和评价指标体系的设置，应当和安全管理的具体需要相适应，具有实用性。为此，就要注意处理好以下几个问题。

(1) 评价指标要简明、含义要确切、指标之间应相互衔接。

(2) 评价指标要尽可能地与统计、会计复核及其岗位责任制的口径相一致，以便能充分地运用到统计、会计核算的成果及岗位责任制方面的职责要求，使其计算范围和计算方法都建立在有科学根据的基础之上。

(3) 评价指标应具有可考核性。评价指标应该是可以分成不同的等级，并具有相应的得分标准，这样，针对不同的安全管理绩效能得出不同的安全评价结果，便于评价人员和评价组织确定成效，比较优劣。

(4) 评价指标体系应保持相对的稳定性。评价指标体系一旦建立，为保持其所应有的权威性，评价指标不宜多变，即使要做必要的变动，一次变动的面也不宜过大，变动的频率不可太快，否则，会导致人们思想和安全管理行为的混乱，影响安全管理目标的实现和安全管理成效的获得。

c 制度化原则

评价指标体系一旦建立，经实践检验效果很好，则就应用制度将其确定下来。因为，评价指标不仅是用来评价某个部门或某个个人的安全管理成绩和效果，而且是用来评价企业内部所有部门或个人的安全管理成绩和效果的。用制度将评价指标体系确定下来，有利于增强指标体系的约束力，增加成绩和效果评价的对比性，提高评价结论的历史价值，使其成为对某一部门或某个人员进行安全奖惩的重要历史依据。

6.2.3 企业全生命周期风险控制

企业成长理论认为，企业既是一个社会经济组织，同时也是一个生命有机体。为了描述企业生命过程和其形态改变，相关学者试图用企业生命周期模型来描述企业生命过程通常规律。现在较有代表性企业生命周期模型是美国学者伊查克·爱迪斯提出的模型。她将企业生命周期分为成长阶段和老化阶段，形象地描述了企业整个生命周期改变，并把这两个阶段细分为孕育期、婴儿期、学步期、青春期、盛年期、稳定时、贵族期、官僚期和死亡期；中国社会科学院陈佳贵研究员等人提出一个模型，即用规模大小作为纵坐标，分为大中型企业和小型企业两种情形，并依次把企业生命周期分为孕育期、求生存期、高速发展期、成熟期和蜕变期；李业等人提出修正模型，即企业生命周期分为五个阶段：孕育期、初生期、成长久、成熟期、衰退期。尽管中外学者从不一样的角度对企业生命周期进行了不同的阶段划分，但从其各阶段所面临的风险特征，能够把企业生命周期划分为4个阶段：初创阶段、成长阶段、成熟阶段和衰退阶段，绘制成企业生命周期曲线（见图6-7）。

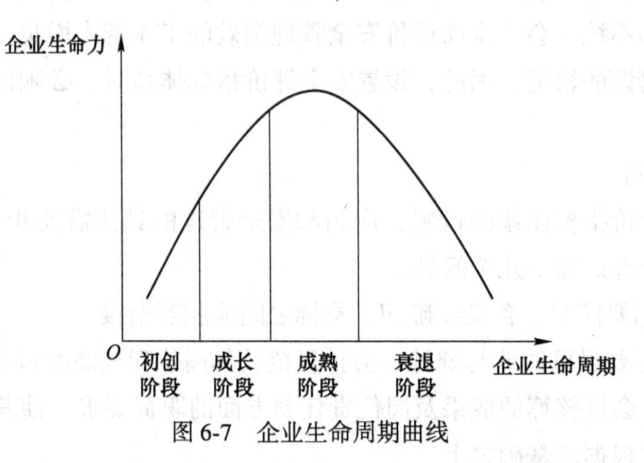

图6-7 企业生命周期曲线

企业在生命周期不同阶段有不同特点，所以企业在生命周期不同阶段要处理的问题和所面临的风险也是不一样的（见表6-21），这些问题处理和风险控制关系到企业生存。

表6-21 企业生命周期各阶段特点和面临风险

项目	初创阶段	成长阶段	成熟阶段	衰退阶段
企业生命周期各个阶段特点	1. 经验不足，缺乏对外部环境了解 2. 资金不足，需要投入多种成本 3. 和老企业相比，企业缺乏市场竞争力 4. 没有一套管理制度，企业会因管理上失误而增加风险	1. 对于风险型大项目忽略了其风险性会造成决议失误 2. 在资金不充裕情况下为快速扩大销售量、市场拥有率、市场著名度投入大量成本 3. 竞争对手利用多种手段阻碍企业发展	1. 产品销售额保持在较稳定水平，有一定市场拥有率，市场竞争能力提升，企业抗风险能力增强 2. 企业丧失创新能力，企业内部组织存在权利冲突和利益冲突	1. 市场需求改变和竞争加剧，企业销售额下降、业务萎缩 2. 适应外部环境能力下降，抵御外部风险能力下降
企业面临关键风险	1. 信息风险 2. 财务风险 3. 竞争风险 4. 管理风险	1. 决议风险 2. 财务风险加剧 3. 竞争风险加剧	1. 组织风险 2. 竞争风险	1. 竞争风险 2. 人力资源风险

企业作为市场主体当其成立后肯定要参与市场竞争，在竞争中企业会面临多种多样的风险，只有企业对这些风险加以防范，控制风险，企业才能生存和发展。所以，每个企业全部应该树立风险意识，加强风险控制，降低风险，使企业风险不足以影响企业经营活动。企业风险控制过程通常包含3个阶段，分别是风险识别、风险评价、风险应对。

企业在生命周期各阶段全部见面临多种多样风险，假如风险处理不妥，会危及企业存亡。在不一样生命周期阶段，企业面临风险不一样，企业应该明确现在经营是处于生命周期哪一个阶段，识别和分析这些风险，针对不一样阶段，采取不一样风险控制方法，保持企业健康连续地发展。

6.2.3.1 初创阶段风险控制

A 应对信息风险

因为经验不足和缺乏对外环境了解，企业在初创阶段会对未来发展方向不确定。所以企业应该搜集市场信息，正确地进行市场定位，找到适合本身特点业务方向，制订企业愿景和使命。

B 应对财务风险

企业在创业阶段资金不足是正常现象，经营时流出现金大于流入现金。不过资金不足所带来风险是能够避免，所以创业者要认真想好企业成长方向。企业要制订一个符合实际经营计划，监控现金流量。同时企业能够经过融资方法取得资金，降低财务风险带来影响。

C 应对竞争风险

把关键放在产品生产工作上，提升产品质量和生产技术，产品价格应该以扩大市场拥有率为目标。在竞争压力之下，企业需要分析本身条件和外部环境、培养竞争优势，研究竞争对手，制订竞争战略，以最终获取竞争胜利。

D 应对管理风险

管理风险是指因创业企业管理不善产生风险，管理风险关键是由管理者素质、决议风险、组织风险所决定。所以企业应该建立一套管理制度并完善管理职能，使企业制度和组织结构能充足地发挥作用，减小因管理上失误而给企业带来影响。

6.2.3.2 成长阶段风险控制

A 应对决议风险

企业会因为盲目追求市场销量和拥有率产生决议上的失误，所以企业应该一切从实际出发，制订适合企业发展战略，比如为其设定一个目标和完成这个目标所需要的时间，和怎样完成这个战略步骤。

B 应对财务风险加剧

企业在此阶段即使资金并不充裕，再加上企业追求和行动全部需要投入成本，不过企业盈利能力是在上升，经营活动中现金流量有时多出、有时不足，企业能够经过债务性筹资活动处理企业现金不足问题。

C 应对竞争风险加剧

企业快速成长会引发市场上竞争对手注意，企业在成长阶段要有防范意识，搜集和评价相关竞争者信息，预防竞争对手采取不利手段阻碍企业发展。处于成长阶段企业其产品需求比较旺盛，企业会因为追求利润而提升产品价格，这会使企业竞争能力降低，为了降低竞争风险对企业影响，企业应该在完善产品基础上逐步提升其价格。

6.2.3.3 成熟阶段风险控制

企业在成熟阶段已经有一定盈利能力，销售额保持在较稳定水平，企业在市场上占有一席之地，企业资金得到回收。正是在这种情景下企业容易有浮躁情绪，比如在生产和销售上创新能力降低，不能满足用户了不停改变需求，这往往给竞争对手带来机会，所以企业在成熟阶段竞争形势是很严峻的。企业必须从技术、产品、制度等方面进行创新；企业应该做好调整经营策略准备以适应市场改变；企业应该对资源进行整合，挖掘更多潜在市场。

A 应对组织风险

即使企业已经形成本身一套规模制度，不过因为企业规模扩大、职员增多，部门职能增设，会有利益冲突，规模制度约束力不强，企业难形成统一意见，轻易造成决议失误。企业在招聘职员前应该制订严格要求，对于企业内有利益冲突引发道德败坏现象应该加以严惩。

B 应对竞争风险

企业处于生命周期任何一个阶段全部见面临竞争风险，成熟阶段企业经验比较丰富，能依据市场需要开发新产品，经营比较稳定，企业能够制订竞争战略从而深入增加市场份额、提升利润率，企业在成熟阶段抗风险能力增强。

6.2.3.4 衰退阶段风险控制

A 应对竞争风险

企业在衰退期其市场拥有率下降，竞争力能力降低，资金开始紧缺。对于所面临风险，企业能够进行技术创新，开发新产品，制订新战略。同时企业需要选择新成长方向，加速培育新后续业务，使其快速成长，保持企业稳定发展。

B 应对人力资源风险

人才是企业关键竞争力关键表现之一，企业必须加强人力资源管理，确保关键人才发展，避免企业关键技术和管理人员流失。衰退期企业面临风险时应该做好准备，采取变革方法，控制风险对企业带来影响，使企业走向正轨。

6.3 煤矿企业行为安全管理方法

6.3.1 煤矿安全管理行为作用机理

虽然近年来我国煤炭产量显著提高，煤矿死亡人数明显下降，然而与其他产煤大国相比，我国煤矿安全生产的基础仍然很薄弱，百万吨死亡率仍然很高，煤矿安全管理的任务仍然任重而道远。

事故调查与研究表明，管理失误或管理错误是导致生产事故发生的根本原因之一。虽然事故主要是由人的不安全行为因素导致的，但导致事故发生的根本原因却与管理政策、程序、监督和培训有关。导致事故发生的根源是不良的管理制度及决策、个人因素和环境因素，其中个人因素和环境因素受管理活动的影响，因此，不良的管理制度和决策才是导致事故发生的首要原因。造成事故的因素虽然可以分为物质环境因素、个人因素、企业管理因素和社会因素，但是由组织沟通、安全管理部门、组织文化、管理制度、作业流程等因素构成的企业管理因素对生产事故发生的影响作用更大。管理漏洞、管理文化缺失，监督问题、运行计划等管理层面的问题是导致生产事故发生的重要因素。安全激励、安全方针、机构职责、安全教育、应急管理等都是管理者从事安全管理工作、控制生产事故发生的重要手段。

煤矿安全管理需要从事的工作很多，不同安全管理工作对煤矿工人或生产现场的影响作用也不尽相同，只有根据不同安全管理工作的影响作用特点，综合运用各种安全管理手段，构建并实施科学有效的煤矿安全管理系统，才能切实提高煤矿安全管理工作的有效性，减少管理失误或管理错误。

6.3.2 煤矿安全管理行为评估方法

6.3.2.1 评价方法

评价方法是对矿井生产系统的危险性、危害性进行分析、评价的工具，目前已开发多种评价方法。每种评价方法的原理、目标、应用条件、适用的评价对象和工作量均不相同。常见的安全评价方法有安全检查表法、类比法、故障类型和影响分析法、事故树法、事件树法等，根据煤矿企业的特性，一般选用安全检查表法。安全检查表法是系统安全工程一种最基础、最简便、最适用的系统危险性评价方法。目前，安全检查表在我国不仅用于查找系统中各种潜在的事故隐患，还对各检查项目给予量化，便于进行系统安全评价。对系统进行评价、验收时，对照安全检查表逐项检查、打分，从而评价出系统的安全等级。

6.3.2.2 划分评价单元

根据煤矿安全生产实际，按生产系统、作业范围和安全组织管理，将煤矿安全评价划分为23个评价单元。即通风系统（权重系数016）；局部通风（权重系数016）；防尘系统（权重系数015）；矿井防灭火（权重系数015）；防治煤与瓦斯突出（权重系数015）；瓦斯抽放系统（权重系数014）；监（检）测系统（权重系数015）；排水和防治水（权重系数015）；提升系统（权重系数015）；运输系统（权重系数015）；压风系统（权重系数013）；供电系统（权重系数016）；采煤工作面（权重系数016）；掘进工作面（权重系数016）；爆破安全（权重系数015）；安全管理（权重系数015）；工业卫生与职业病防治（权重系数013）；矿山救护（权重系数012）；生产矿井地质测量（权重系数012）；采区及水平接替设计（权重系数013）；采区及水平接替矿建工程（权重系数013）；采区及水平接替土建工程（权重系数012）；采区及水平接替安装工程（权重系数013）。

6.3.2.3 安全检查表的编制

根据《煤矿安全评价提纲》的要求和评价单元来划分，按照煤矿安全生产法律、法规、条例、标准和技术规范等，编写每个评价单元的评价内容，最后汇总成安全评价检查表。为了使煤矿安全评价有据可依，便于在评价过程中及时对照有关法律、法规、标准、规范等，在编制安全检查表的同时，编制安全评价依据表。

为了使煤矿安全评价及时反馈存在的问题，保证评价结果公正、准确，便于被评单位及时整改，消除隐患，编制评价结果明细表，安全评价扣分记录表和安全评价发现问题及整改措施表。

6.3.2.4 评价结果确定

矿井安全度值分级以各评价单元合计得分确定。各评价单元标准分为100分，但需依据每个单元在矿井安全生产中的重要程度给予权重，矿井安全评价权重以后折合总分数为1000分。被评价矿井权重后合计得分在900分以上者（不含900分），为A级安全矿井（安全级）；得分在800~900分（不含800分）者为B级安全矿井（较安全级）；得分在700~800分（不含700分）者为C级矿井（临界级）；得分在700分以下（含700分）者为不安全矿井（不安全级）。为使评价结果客观、公正、真实，除对各检查项目逐项打分，汇总计算总分值。即有下列条件之一者，为不安全矿井：矿井出现电气失爆现象的；矿井风量不足；因瓦斯超限导致工作面停产，每日达2h以上的；提供虚假资料的。

安全评价工作在煤炭行业刚刚起步，随着安全生产法制建设的不断深入，煤矿安全评价工作将逐步得到普及和完善。开展煤矿安全评价，能够有力促进煤矿安全管理工作，在全国煤矿开展安全评价，可以扭转煤矿安全生产的被动局面，使煤矿安全管理工作科学化、制度化、规范化，是实现煤矿安全生产的必由之路。

6.3.3 煤矿安全管理行为干预措施

煤矿安全管理存在的问题不仅有技术问题，还有人为因素问题，应从以下几方面进行解决。

6.3.3.1 政府应该给予支持

目前，存在问题较多的煤矿是地方煤矿，这些煤矿的生产规模较小，利润非常低，获得的资金非常有限。特别是在煤矿行业前几年不景气时，企业存在较大的亏空。煤矿为了保证运行，不得不减少对一些设备设施的完善。这导致在实际生产中很容易发生安全事故。

6.3.3.2 重视煤矿人才团队建设

煤矿安全管理的主要作用是预防煤矿安全事故，发现生产中的安全隐患，从而减少事故的发生。目前，在激烈的市场竞争中，最应该保证的就是人才方面的保有度。煤矿公司亦是如此，必须将技术工人的培训工作做好，持续提升其相关技能与整体素质。在煤矿管理中，技术人员应发挥主导作用。这要求技术人员能对存在的安全隐患和问题具有一定的辨别能力。因此，煤矿企业应重视煤矿人才团队的建设。通过人才团队建设使煤矿安全管理能执行下去。

在实现煤矿信息化管理的过程中，信息技术方面的人才特别关键。他们主要负责数据的提取和处理，从而为科学的管理提供依据。为了能招聘或留下这样的人才，煤矿企业应给予这些人员适当的待遇。此外，煤矿企业应和有关的科研队伍与高校进行良好的合作，排除安全问题中的重点和难点。

6.3.3.3　完善煤矿安全管理制度

虽然很多煤矿制定了一些安全管理的规章制度，但是还存在很多漏洞，使得安全生产存在很大的风险。其中最大的问题在于煤矿安全管理中责任的划分不是很明确。为此，应该完善煤矿的安全管理制度。主要应做好以下几方面：

(1) 要杜绝生产中出现的集体欺瞒行为，例如为了作业的方便，工人和负责人集体造假调整了瓦斯探头的位置，一旦发现这种情况应立即严肃处理；

(2) 要精细化管理，将生产中的一些责任划分到个人，避免在安全管理中出现相互扯皮的问题，例如要明确机电设备的运行维护周期、维护的内容等；

(3) 要实施标准化管理，将管理中的一些内容指标化，以此提高安全管理效率，避免实施过程中的造假行为；

(4) 重视安全培训，要发挥培训的作用，避免流于形式，应使员工切实认识到安全生产的重要性，并自觉遵守相关规定。

6.4　现代技术与风险管控

6.4.1　现代信息技术与风险管控

计算机信息技术在当今时代发展中占据着极为重要的地位，就需要高度重视该技术的发展，并应用高效方法加以改善，进一步促进我国信息技术的全方位发展。计算机信息技术在我国多个领域中的应用较为广泛，且使用效果也相对较理想，在给予重视的同时，还应使用合理的方法做好风险防控工作，确保信息化技术的可持续发展。

6.4.1.1　计算机信息化技术存在的风险

(1) 信息安全风险巨大。就目前计算机技术发展而言，由于功能偏多且性能较强的特性，使得自身发展具有一定不确定性，因此企业在使用此类软件产品时往往会显露出许多问题，从而造成部分外界影响者有机可乘，从而对整个计算机系统产生了巨大影响。现阶段，许多大型公司在经营时会将部分数据信息流失，危害公司经营的同时，还会给公司造成不容小觑的损失。当前部分计算机软件本身都存在一些问题，倘若公司未能在第一时间进行预警工作，将会导致数据流失，再加上功能变更速率相对较快，其自动更新信息相当活跃，一旦不及时进行修改和更新操作，将容易产生网络安全风险。

(2) 黑客攻击问题。在目前计算机网络使用过程中，黑客攻击是一个相当普遍的现象，一般是由于某些不法人员利用网络软件技术，利用计算机漏洞非法进入其他计算机网络或系统。由于这种非法人员的技术能力很强，可以对这些防御方法进行破解，进而在被攻击的信息中窃取关键信息或者重要数据，这将会限制公司的扩张，甚至还可能对公司造成很大的损失。

（3）网络管理问题。计算机本身的开放性很高，在一般的网络管理中却缺乏规范化，而网络所对应的大数据设备其自我防护功能也相对不足，这都会影响到了网络的安全性。因此根据这些现状，政府必须对网络管理制度进行了完善，但是在实际上却并没有做到人们对互联网的有效控制，从而导致了网站瘫痪或不法分子恶意修改，从而使得网络遭受了巨大冲击，使网络产生风险问题。在这些情况下，更难以保障人们对计算机网络的安全运行，以及作为技术人员对于网络管理制度的有效控制与管理。

6.4.1.2 计算机信息化技术的应用

（1）应用于人力资源管理中。计算机通过信息化技术构建完善的人力资源管理体系，在这个体系中可以对各种数据信息予以分类、整理，同时还具备查询功能，对数据库予以信息共享，进一步保证人力信息的完整。另外，借助计算机信息化技术对企业人才管理予以加强，能够让企业人才资源得到科学利用，并掌握充足的专业性知识，以便于让人才的综合信息素养有所提高，还能在一定程度上实现信息化技术的长久发展。

（2）应用与财务工作中，可以有效监管企业中的财务信息，确保财务数据的有效性与真实性。企业发展进程中财务部分所占据的地位极为重要，不仅能够推动企业的健康稳定发展，还能对企业的科学性决策产生影响，所以在财务工作中应用计算机信息化技术能够全面梳理、汇总财务信息，让企业的领导层可以对企业实际情况予以全方面了解，进一步提高企业决策的合理性。

6.4.1.3 计算机信息化技术的风险防控举措

A 加大管理投入

在计算机信息化的管理过程中，企业应加大投入并积极改善当前业务，对计算机所使用的硬件进行管理，相应的人员也必须认真进行软件操作，以确保计算机软件的应用。而且，管理者要经常对员工进行技术培训，使得员工的整体素养可以进行全面提升，使员工全心全意投身到项目发展之中。就目前的安全管理来说，要提高对信息技术的运用，必须确保员工可以对自身的工作环境进行适应进而在对计算机信息技术的安全管理中获取保障。此外，由于计算机本身的不足也关系着整个信息化社会的安全问题，这就必须加大对计算机教育训练，从而使得工作人员能够对相应的安全技术进行全面了解，在实际应用计算机技术时确保了自身安全。还应该对计算机安全意识予以加强，以此对数据信息传输的有效性加以保障，进一步实现信息技术的合理应用。

B 构建预警系统

站在当前计算机信息化管理的层面上考虑，要想对计算机信息的安全进行保护，就必须根据目前计算机的实际运行状况对预警系统进行建设，而在实际使用系统的过程中，如果发现病毒正在对网络进行入侵，就要采取预警系统对病毒进行预防。对当前工作加以保障的情况下，必须对监控和预警系统进行加强，实施有效解决病毒的管理措施，实现计算机信息化管理工作的规范实施，更加突出最优的科学管理作用。此外，也需要与现实相结合，形成相对比较良好的计算机现代化管理氛围，这也表明有关人员要提高安全意识。把安全技术看成是较为关键的一个技术方面，建立比较完善的安全管理制度，增强管理者自我的责任意识才能于对计算机技术现代化做到的工作起到坚实的保证。

C 进行安全规划

基于当前信息化时代背景，计算机表现了高速增长的趋势，在运用计算机智能化的环境中要想为系统的运营效益做出保证，并应当提出切实可行的建设实施方案。值得注意的是，对于计算机用户应该建立合理的风险防范措施，不但要确保各项工作的全面落实，还需要对有关管理制度进行细化，形成良好的管理制度。在建立安全措施体系的过程中，要根据计算机信息化产品的实际使用状况，及其在使用中出现的情况，建立相应的安全策略。只有使安全性管理体系的优越性得以最大限度地充分发挥，才能为计算机信息化的质量管理提供更有效的政策保证，从而达到对计算机信息化产品的质量稳定性的进一步提升。

D 强化自身管理

在实际工作过程中，一方面要提高计算机信息技术的应用水平，另一方面还应该对风险防控能力加以增强，提升管理水平，使得现代信息技术应用价值可以得以很大程度的实现，并由此来促进了计算机领域的大力发展。具体来说：

（1）对信息安全机制进行了完善。比如部分机密性文件应设定为登录密码并获取权限，以防止出现数据泄漏的情形，同时还可以使现代信息技术应用程序的稳定性提升。

（2）将信息使用过程进一步规范化。比如说对重要信息认真进行采集、备份、存档等管理工作，防止出现重要数据流失的状况。

（3）建立有效的措施，确保在发生意外状况时能对其进行第一次调查和处理，进一步有效实现风险防范和管理。

6.4.2 现代材料技术与风险管控

当前，我国新材料产业在国际产业布局中正处于由低级向高级发展的阶段。随着对外开放和与全球业界的广泛交流合作，我国新材料产业正呈现快速健康发展的良好状态。对于现代企业来说，由于内部要素的流动性、外部环境的不确定性和关联性等因素，企业的经营风险极容易被放大，形成危机。如同其他的企业一样，新材料企业也不可避免地存在着企业风险。由于新材料产业的特殊性，新材料企业的经营风险更容易被放大，更容易发生危机。我国学者认为，风险管理是企业通过对潜在意外或损失的识别、衡量和分析，并在此基础上进行的控制，用最经济合理的方法处理风险，以实现最大的安全保障的科学管理方法。风险防范是指为降低已识别出并已评估的风险而采取的措施，主要分为回避、接受、降低和分担，其目的是降低风险损失。针对我国新材料企业中所存在的问题，如何做好新材料企业经营风险管理和防范工作就显得尤为重要。

新材料企业应结合自身的特点，对企业中可能存在的风险进行分析，选择不同的风险应对策略，制定具体的风险防范措施，具体措施有3方面：

（1）设立风险管理委员会。在企业中，设立风险管理委员会，来负责企业中风险管理的实施。委员会设置在董事会之下，直接对董事会负责，委员主要是公司的董事和高管。风险管理委员会不仅负责识别企业的各种风险，包括来自企业内部的人、财、物和信息的风险及外部环境的风险，而且综合各部门的因素，为应对风险提供应对策略，建立风险管理流程。

（2）制定具体的风险解决方案。根据风险管理委员会所提供的应对策略，新材料企业各职能部门针对各类风险或每一项重大风险制定具体的风险管理解决方案。该方案一般应包括风险解决的具体目标，所需的组织领导，所涉及的管理及业务流程，所需的条件、手段等资源，风险事件发生前、中、后所采取的具体应对措施及风险管理工具。

（3）制定合理有效的内控措施。根据经营战略与风险策略相一致、风险控制与运营效率及效果相平衡的原则，新材料企业应制定风险解决的内控方案；针对重大风险所涉及的各管理及业务流程，制定涵盖各个环节的全流程控制措施；对其他风险所涉及的业务流程，要把关键环节作为控制点，采取相应的控制措施。

6.4.3 现代生物技术与风险管控

随着现代生物技术的出现，由此引起的安全问题就一直伴随发展存在。生物技术的发展在给人类健康和社会发展带来重要推动作用的同时，也不可避免地会带来一些潜在风险。如何评价这些潜在的风险并进行有效防范，保障其健康发展是国际社会关注的焦点。

现代生物技术的开发应用对生态环境和人体健康产生的潜在威胁，以及对其所采取的一系列有效预防和控制措施，是生物安全涉及的重要研究内容之一。对生物技术及其产品到底能给人类造成多大的影响和危害，目前还存在着一些不同看法，但是对生物技术任其发展不加引导，或是对其潜在威胁充满恐惧从而否定一切生物技术的发展等极端倾向都是不可取的。科学技术是“双刃剑”，既可以造福人类，也可能给人类带来灾难。生物技术如果使用不当，这种影响往往是难以估量甚至可能是灾难性的。生物技术安全问题的发生又往往与经济社会乃至政治问题交织在一起，从而使其更加复杂化。

6.5 从北京市智慧交通监控中心看城市安全

研 讨

（1）结合北京市交通情况的紧迫性，使用现代信息技术与风险管控理论，并应用高效方法提出改善北京市交通的建议。

（2）理解智慧交通的概念，讨论北京市智慧交通监控中存在的风险及计算机信息化的管理过程中出现的问题及相应解决办法。

参 考 文 献

[1] 魏峥，潜雨，宋业辉，等. 基于风险理论的公共建筑功能区新冠疫情风险等级评价方法［J］. 建设科技，2022（24）：6-9.

[2] 屈群苹，杜劲蕾. 社会风险的认知与防范——一种类型学的理论考察［J］. 中共杭州市委党校学报，2022（5）：67-77.

[3] 谢志刚. 论风险理论基础及行业认知偏差［J］. 上海保险，2022（5）：22-26.

[4] 王赟，程薇瑾. 从贝克到吉登斯：风险社会理论中的认识论差异［J］. 社会科学研究，2022（3）：145-153.

[5] 张一涵，袁勤俭，沈洪洲. 感知风险理论及其在信息系统研究领域的应用与展望［J］. 现代情报，2022，42（5）：149-159.

[6] 方玉河，陶汉涛，张磊，等. 基于风险理论的输电系统连锁故障脆弱性分析［J］. 电气自动化，2022，44（2）：38-40.

[7] 郑作彧，吴晓光. 卢曼的风险理论及其风险［J］. 吉林大学社会科学学报，2021，61（6）：83-94，232.

[8] 张犇，吴文涛. 有“束缚”的接受：基于感知风险理论的高校教师课堂应用人脸识别技术接受意愿调查［J］. 江苏第二师范学院学报，2021，37（3）：51-59.

[9] 孟筱筱. 人工智能时代的风险危机与信任建构——基于风险理论的分析［J］. 郑州大学学报（哲学社会科学版），2020，53（5）：120-125.

[10] 管其平. 风险社会理论视域下的网络风险及其消解［J］. 西安建筑科技大学学报（社会科学版），2020，39（3）：50-56.

[11] 腾延娟. 风险理论反思与领导决策风险应对［J］. 领导科学，2020（6）：119-121.

[12] 黄兆锋，李芷洛，许晓光，等. 基于风险理论的化工企业重大危险源安全性评估［J］. 辽宁化工，2019，48（4）：340-341，345.

[13] 刘海飞，柏巍，刘嘉怡. 社会网络、策略最优化与风险控制的理论与实证研究［M］. 南京：南京大学出版社：2018.

